よくわかる「設計手法」活用入門

どんな場面でどんな手法を
適用するかがわかる！

大富 浩一 [著]

日刊工業新聞社

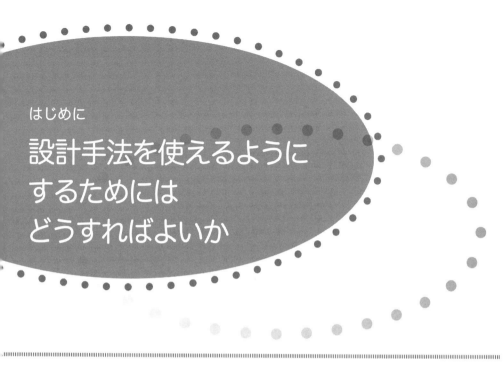

はじめに
設計手法を使えるようにするためにはどうすればよいか

　設計はものづくりにおいて重要にもかかわらず、日本においては具体的取り組みが明らかになっていない。これは、日本独自の擦り合わせものづくり技術と設計現場の情報が各社のノウハウとして表に出ないことにある。これは日本全体のものづくりを考えたうえで好ましい状況ではない。

　そこで、本書では著者の企業での長年の経験、学会等での活動を通して設計なるものを手法と事例と言う形で視える化するものである。特に、設計手法に関しては、その実態に関しては必ずしも正しく伝わっていない。また、設計手法の源泉は、設計の現場にあり、その効果、問題点は明確にはされていない。また、設計手法を提供する側にあるソフトウェアベンダにおいても現場の声（VOC）は断片的なものにならざるを得ない。

　設計とは製品開発現場における人間系を中心とした活動であり、そこで使われているさまざまな手法の総称が設計手法である。一方で、設計を学問的視点から見据え、体系化したものが設計工学である。したがって、設計手法と設計工学は等価ではない。設計工学の成果が実際の設計への適用を通して、設計手法へと進化する。

　設計手法は多岐にわたるが、本来、目的、製品分野に応じて適材適所で使われるべきである。ここでは、設計手法の現状に関して概説するとともに、適材適所のポイントについて紹介する。設計手法には、

- 戦略（考え方）としての設計手法
- 戦術／武器（手法／ツール）としての設計手法

の2種類があり、種々の設計手法の本来の目的、限界を正しく理解して実際の設計に適用することが重要である。

　設計手法のハウツー的な本は多く存在する。しかしながら、それらの多くは個別の手法のマニュアルが書かれているに過ぎず、実際の設計でどう使ったらいいのか、またはこういう使い方をしてはいけないといった読者（設計者）が本当に知りたいことに関しての記述が少ない。これは設計手法を開発あるいは研究対象としている人が、設計の実務者でなく、その本当の効果を理解していないからである。そこで、本書では設計手法そのものの説明は最低限にとどめ、設計手法の使い方、使われ方に重点を置く。細かい厳密性が損なわれている箇所もあると考えるが、意図するところをマクロに捉えていただければ幸いである。

　本書の内容は筆者の企業での35年余りの実務経験と、学会活動、特に、筆者が主査を務めている日本機械学会設計研究会（http://www.jsme.or.jp/dsd/A-TS12-05/）の活動を通して、考えたものである。設計手法の分類等は設計研究会での活動の成果である。種々の事例に関しては、私が所属した企業の関係各位にご協力をいただいた。黒岩正氏（最適化手法）、森俊樹氏（DSM）、亀山研一氏（VR）、横野泰之氏（PC設計）、故小沢正則氏（パフォーマンス・サイジング）に感謝申し上げる。CAEの多くの事例に関してはコベルコ科研殿に提供いただいた。深くお礼申し上げる。私が設計に関する本を書こうと考えた経緯はスタンフォード大学の製造モデル研究所（MML）の故石井浩介先生との交流に起点を発する。先生の想いの一端でも本書で実現できていれば幸いです。

2016年7月

大富　浩一

よくわかる「設計手法」活用入門

目　次

はじめに ·· i

第1章　設計からデザインへ ··· 1

1.1　設計とはどこからどこまでを言うのか ··· 1
1.2　この製品はなぜこの大きさ、この重さなのか ······························ 2
1.3　どこが価値になるかは製品ごとに異なる ····································· 4
1.4　"音"のデザインを例に考えてみよう ·· 5
1.5　設計からデザインへ ··· 8
1.6　難関に遭遇したときどうするか ··· 10

第2章　何のための設計手法か ·· 13

2.1　設計上流で設計手法が使いづらい理由 ······································· 13
2.2　設計のトレンドと設計手法 ··· 16
2.3　何のための設計手法か ·· 19

第3章　設計手法はいつどんな目的で用いられるか ···························· 21

3.1　設計手法はどんな目的でどんなものがあるか ···························· 21
3.2　設計プロセスと設計手法 ·· 26
3.3　製品ライフサイクルと設計手法 ·· 28
3.4　製品形態と設計手法 ··· 29
3.5　システム設計技術は不可欠な設計手法 ······································ 31

第4章　具体的にどんな設計手法がどう役立つか ······························· 37

4.1　戦略的製品開発のための設計手法 ··· 37

	4.1.1	日本に勝つために生まれた DfX	38
	4.1.2	製品開発の上流をデザインする	38
	4.1.3	3つの手法を組み合せた DfX の具体例	45
4.2	価値評価のための設計手法	53
	4.2.1	感性設計で顧客の心にインパクトを残す製品をつくる	53
	4.2.2	日本人の感性を強みととらえる	54
	4.2.3	価値＝価格なのか？	55
	4.2.4	コストを上げずに価値を高める	56
	4.2.5	感性を含めた広義の価値を高める設計	58
	4.2.6	感性設計の PDCA を考える	60
	4.2.7	感性設計の例としての「音のデザイン」を見てみよう	62
	4.2.8	感性設計の今後	64
4.3	機能評価のための設計手法	64
	4.3.1	機能評価のための最適化手法	66
	4.3.2	より良い設計解を得るための最適化手法	66
	4.3.3	最適解とはどんなものか	67
	4.3.4	最適化問題の構成	70
	4.3.5	設計における最適化の位置づけ	73
	4.3.6	最適化手法の事例	74
	4.3.7	設計プロセス自体の最適化	78
	4.3.8	最適化手法の今後	80
4.4	性能評価のための設計手法	80
	4.4.1	設計機能検証方法としての CAE	80
	4.4.2	シミュレーションの定義と分類	82
	4.4.3	製品開発におけるシミュレーションの役割	83
	4.4.4	シミュレーションの方法	86
	4.4.5	シミュレーションの実際	88
	4.4.6	シミュレーションの検証方法	100
	4.4.7	シミュレーションの可能性と限界	102
	4.4.8	シミュレーションを設計に活かすために	105
4.5	システム評価のための設計手法	106

目次

第5章 設計手法適用事例 ... 111

- 5.1 ノートPCの設計 ... 111
  - 5.1.1 ノートPC開発の特徴 ... 111
  - 5.1.2 ノートPC開発上の制約 ... 112
  - 5.1.3 ノートPC設計上の特徴 ... 112
  - 5.1.4 ノートPCの設計に必要な個別技術 ... 113
  - 5.1.5 熱シミュレーションによる設計支援 ... 115
- 5.2 宇宙機器の設計 ... 117
  - 5.2.1 宇宙機器開発の特徴 ... 117
  - 5.2.2 重力発生装置開発の事例 ... 117
  - 5.2.3 開発プロセスの概要と適用手法 ... 119
  - 5.2.4 設計プロセスの最適化 ... 120
  - 5.2.5 機能最適化設計 ... 121
  - 5.2.6 統合シミュレーション ... 123
  - 5.2.7 協調設計に必要な情報共有 ... 126
  - 5.2.8 あるべき設計プロセスと設計手法 ... 127
- 5.3 メカトロ機器の設計 ... 128
  - 5.3.1 メカトロ機器設計の現状 ... 128
  - 5.3.2 メカトロ機器設計と設計手法 ... 129
  - 5.3.3 メカトロ機器設計への分散協調設計技術の適用 ... 130
  - 5.3.4 メカトロ機器設計へのDfX手法の適用 ... 136
  - 5.3.5 メカトロ機器設計の今後 ... 143

第6章 これからの設計手法 ... 145

- 6.1 設計の目指すところ ... 145
- 6.2 これからの設計手法としての1DCAE ... 148
  - 6.2.1 1DCAEの目的とは何か ... 148
  - 6.2.2 1DCAEはどんな考え方か ... 149
  - 6.2.3 1DCAEによる全体適正設計 ... 150

6.2.4　ものづくりのための1DCAE ……………………………………… 153
　　6.2.5　ひとづくりのための1DCAE ……………………………………… 162

おわりに …………………………………………………………………………… 169
参考文献 …………………………………………………………………………… 170
索引 ………………………………………………………………………………… 174

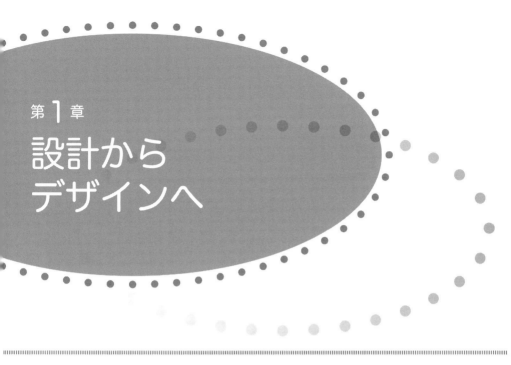

第1章 設計からデザインへ

　本書は、"設計"を題目に謳っている。しかしながら、設計という言葉から皆さんが受ける印象はさまざまと考える。そこで、本題に入る前に設計の定義について触れることにする。

1.1 設計とはどこからどこまでを言うのか

　設計は英語でDesignである。Designは日本語ではデザインまたは設計である。しかしながら、デザインと設計では受ける印象がかなり異なる。日本でデザインというと意匠設計（Industrial Design）という狭い範囲にとられることが多く、一般には設計という言葉を使うことが多いが、設計も作図（Drafting）のイメージが拭い切れない。設計に関する研究は設計工学と呼ばれ、日本機械学会でも1990年台のはじめに設計工学・システム部門が設立され、大学、企業においても設計工学の重要性は90年台から認識され、研究活動が本格化した。しかしながら、設計工学はものづくりにおいて一種の支援技術であり、それ自体の成果を可視化することが容易ではないため、設計工学研究を継続的に行うには、不屈の精神と粘り強さが必要である。設計工学が重要なことは万人の認めるところだが、この実践が困難なのは次のような理由による。

　設計工学は本来、多くの工学を束ねる学問としてリードすべき立場にある。それ

にもかかわらず、いま一つ停滞感が否めないのは上述のようにその定義が曖昧なことにも起因しているのではないかと考えている。設計の定義、設計工学が目指すべきもっと適切な言葉については常に議論しているところであるが、なかなか結論が出ていない。そこで、ここでは問題提起として、設計の定義、その上位の概念としてのデザインの定義を行い、今後のものづくりの体系化としての設計工学の一つの指針としたい。

1.2 この製品はなぜこの大きさ、この重さなのか

　製品開発における設計は一般には**図 1-1** に示すように、概念設計、機能設計、配置設計、構造設計、製造設計の手順を踏む。しかしながら、多くの場合、現状製品を起点とした改良設計のため機能設計から開始する場合が圧倒的に多い。また、機能設計、配置設計、構造設計、製造設計は CAD データ等の実行プロセスが明確である。一方、新規製品の場合は概念設計から始めるが、前例となる製品情報が少ないため、その定義、実行プロセスが明確でない。本来、概念設計とは対象とする製品のイメージを仕様という形で明示化することにある。すなわち、製品設計は図1-1 に示すように実施されるものの、前半の概念設計→機能設計と、後半の機能設計→配置設計→構造設計→製造設計は本質的に異なる。すなわち、前半の概念設計→機能設計は企画者・設計者が思い描く製品イメージを仕様という具体的な形に落とし込むプロセスであり、後半の機能設計→配置設計→構造設計→製造設計は仕様に基づいて製品イメージを実体化するプロセスと言える。そこで、ここでは前半の概念設計→機能設計を"デザイン"プロセス、後半の機能設計→配置設計→構造設計→製造設計を"設計"プロセスと定義する。**簡単に言うと、製品仕様を決めるこ**

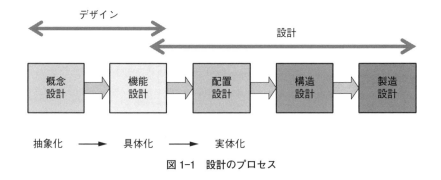

図 1-1　設計のプロセス

第 1 章 設計からデザインへ

とがデザイン、製品仕様を実体化することが設計と言える。本書で扱う設計はこの両者を含む。

それでは製品仕様とは何であろうか。例えば、ある製品のカタログを見ると、大きさ（縦、横、高さ）、重量、消費電力、騒音レベル、精度、使用温度レベル、電池寿命、等の記載がある。これも一種の製品仕様である。設計はこのような仕様に基づいて製品を作りこんでいく。同一製品の開発に携わっているとこのような製品仕様にあまり疑問を抱かなくなる。

一方、まったくの新規製品を開発する場合には、この仕様から決める必要がある。すなわち、デザインする必要がある。では、新規製品にだけデザインが必要なのであろうか。答えは NO である。現状製品についても、なぜ大きさがこうなのか、重量はなぜこれでなければならないのかといった素朴な質問にすら答えられる設計者は少ないのではないだろうか。これは製品が代を重ねるごとに仕様が形骸化していることを意味する。原点に戻り、あるべき大きさ、重量を考えることがデザインなのである。仕様作成（概念設計）はまさに製品の価値を最大化するプロセスであり、デザインは価値をものに創りこむプロセスということもできる。

表 1-1 に設計とデザインの比較を示す。ここで重要なことは設計可能なデザインを行うことである。どう見ても実現不可能な荒唐無稽なアイデアを考えることはデザインではない。設計は決められた目標に向かって作りこんでいくプロセスであるから、わかりやすいが、皆同じことを考えるので製品の差別化が困難である。一方、**デザインは今までにない道を創り、その道を歩いて目標を達成するプロセスであるので容易ではないが、上手く行った場合の他社との差別化は大きい。**

設計技術ロードマップの作成を筆者らが中心となって行った[1]。ここでは、設計を Better 設計、Must 設計、Delight 設計の 3 つの設計に分類した。設計とデザインをこれに当てはめると、図 1-2 に示すように Better 設計が設計、Must 設計、Delight 設計がデザインに相当する。Better 設計は品質がいい製品を早く安く市場

表 1-1 設計とデザインの比較

	設計	デザイン
定義	与えられた仕様に基づいて作りこむ行為	仕様を決め、ものに創りこむ行為
目標	性能の最大化	価値の最大化
特徴	目指すところは皆同じ	言うは易し、行うは難し

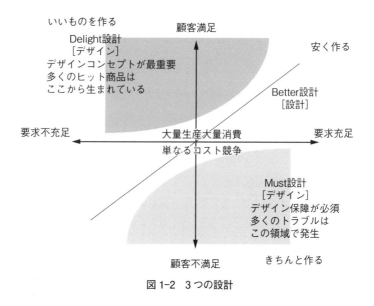

図 1-2　3つの設計

に提供することを目標とする。Must 設計はトラブルフリーが目標である。これを達成する手順は無限にある。この中から、現時点で最善の解を導出するのが、Must 設計におけるデザインである。Delight 設計は最終的には人が Delight（魅力的）と思う製品を創ることにある。千差万別の人からターゲットを設定し、その人が Delight と感じる（相応のお金を出す価値がある）製品を考えることはまさにデザインである。

1.3　どこが価値になるかは製品ごとに異なる

　設計とデザインの違いについては以上述べたとおりであるが、製品分野によってどちらに注力するかは決まってくる。図 1-3 に製品の分類例を示す。右上が自動車、半導体といったリピート製品、左下がロボットに代表される新規製品、右下が原子力プラント、宇宙機器といった長期開発製品、左上がノート PC、家電に代表される短期開発製品となっている。これから、右上のリピート製品が Better 設計 [設計]、右下の長期間開発製品が Must 設計 [デザイン]、左上の短期間開発製品が Delight 設計 [デザイン] に結果的に対応している。例えば、宇宙機器では重量、コスト、性能の制約の中で安全安心を具体化するデザインが必要となる。また、家電においてはいかに顧客の琴線を捕えるかが重要である。

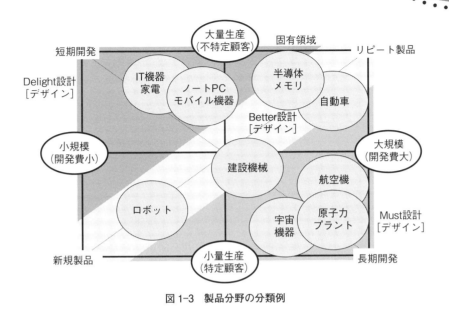

図 1-3　製品分野の分類例

1.4 "音"のデザインを例に考えてみよう

　設計とデザインの違いについて製品音を例にとって具体的に説明する。従来、製品から出る音は悪いものであるとの認識の元、騒音レベルという尺度で捉え、騒音レベルが小さい製品がいい製品であると信じて製品開発を行ってきた。しかしながら、同じ種類の製品で、騒音レベルが同じであっても聴感が異なることを我々は経験から知っている。また、あまりに騒音レベルが小さいと製品が機能していないと感じる場合もある。そこで、**製品から出る音を悪者と捉える（騒音）のではなく、音を製品の価値の一つと捉えて製品開発を行う考え方が"音のデザイン"である**[2]。図 1-4 に示すように騒音レベルを下げる低騒音化が Better 設計、異音を生じない設計が Must 設計、そして音のデザインは Delight 設計に相当する。

　図 1-5 に従来の騒音設計と音のデザインの違いを示す。騒音設計は騒音レベルという出力を最小化するように製品設計を行い、うるさくない音（マイナスが小さい）を実現する。一方、音のデザインは入力（仕様）の段階で、例えば、心地良い音を定義し、これを具体化するように製品を創りこんでいく。

　騒音設計の場合には、騒音工学が設計技術の主体となり、遮音技術、防音技術、等が活躍する。一方、音のデザインにおいては、図 1-6 に示すように、心地良い

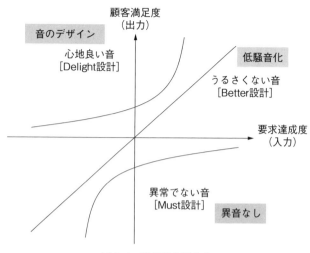

図1-4　製品音の捉え方

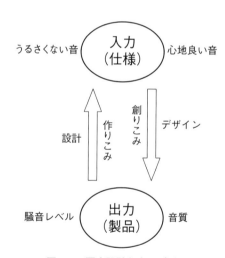

図1-5　騒音設計と音のデザイン

図1-6　音のデザインに必要な設計技術

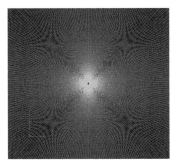
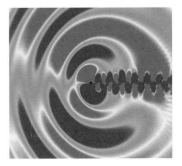

計算格子　　　　　　　　　　左からの流れが円柱にあたり
（中央に音源となる円柱がある）　音が発生している様子を示す

図1-7　音のデザインのための音予測技術

音を定義するために音響心理学、顧客の多様性を評価するための統計学を必要とする。心地良い音を定義、仕様として表現すると同時にその実現可能性を評価するために、騒音工学、また、ファン音（流体音）等の音源を最適化するために流体力学を必要とする。音のデザインで重要なことは、製品仕様の内容次第で必要となる設計技術が変わることである。また、顧客の多様性を抽出するために新たな設計技術も開発している。

図 1-7 に音のデザインのための音予測技術を示す[3]。圧縮性流体の場合には、CFD（Computer Fluid Dynamics）で求めた圧力が音圧に相当する。しかしながら、音のデザインが対象とする製品に含まれる流体機器はマッハ数が0.3以下の非圧縮性流体である。従来はこのような流体の音圧を正確に予測することは困難であった。しかしながら、音のデザインでは、これを予測しないことにはデザインが完結しない。そこで、いわゆるCAA（Computational Aero-Acoustic）という分野の成果を調査、発展させてこれを実現した。

このように、デザインを指向することにより、新たな設計技術が必要となり、この新たな設計技術がデザインを現実味のあるものに導く。すなわち、デザインが設計の技術分野を拡大深耕するのである。

音のデザイン自体の考えは新しいわけではない。Lyonがその著書[4]の中で従来の音設計と音のデザインを比較して以下のように記述している（**図 1-8**, 原文を和訳）。

従来の音設計 （騒音制御）	音のデザイン
■既存技術（容易） ■参考書を読めばできる ■製品設計終了後に後付け ■独立設計 ■コストに直接影響（コスト増） ■安全性、保守性は悪くなるだろう	■理念は理解できる ■実践している人は稀（困難） ■製品設計サイクルと一体 ■高い相乗効果 ■コストには無関係 ■製品価値を高めるだろう

図 1-8　Lyon の音の設計とデザイン

　これはまさに、設計とデザインの違いをよく表現している。すなわち、従来の音設計は容易ではあるが、後付けであり、独立設計のため、コスト、機能（冷却性が悪くなる等）に悪影響を及ぼす。一方、**音のデザインは製品開発プロセスと一体化して行うため**、**製品価値を最大化できるだけでなく、一般論としてはコストとは無関係である**。しかしながら、音のデザインを実践している例は稀であるとも述べている。実際、彼の著書にも音のデザインの方法については述べられていない。では、なぜ音のデザインが難しいのであろうか。これは図 1-6 にも示したように、音のデザインを行うためには多くの設計技術を上手く組み合わせる必要があり、また、前例がないため、道なき道を自ら創る必要があるからである。

1.5　設計からデザインへ

　設計はある意味部分最適である。騒音設計の例で言うと、騒音レベルは下がるが、冷却性能が落ちたり、重量が増えたり、コストが上がったりする。一方、**価値の最大化がデザインである**。**デザインは全体最適を目指している**。ただ、全体最適といっても答えは一つではない。その答えを定義するのがデザインである。すなわち、価値を最大化するように仕様を決め、これを具体化するのに必要な設計技術を設計技術群から抽出する。必要な設計技術が存在しない場合には、自ら新たな設計技術を開発するのもデザインの重要なミッションの一つである。でもよく考えてみると、これは本来設計工学が目的とすることではないだろうか。

　設計工学をほかの工学分野と比較する。流体力学は流れという現象の解明を目的に、機械力学は振動という現象の解明を目的に、設計工学は設計という現象の解明を目的にしている。流体力学も機械力学も、現象を解明し、モデル化し、数学的／経験的に表現し、解析的／数値的に解くことによって現象を評価する。設計工学も

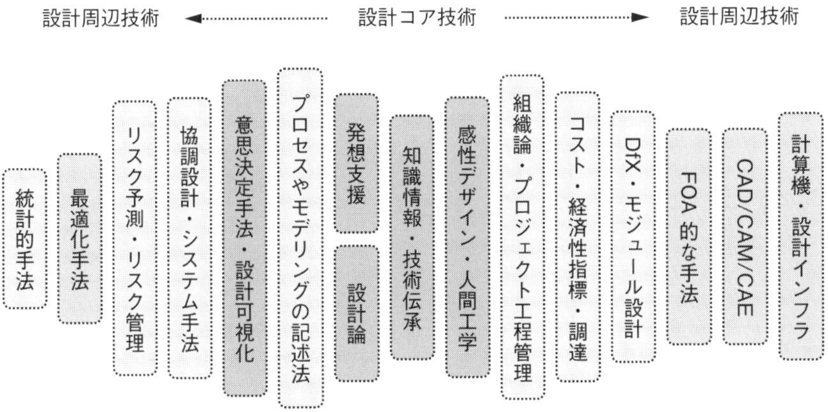

第1章 設計からデザインへ

設計周辺技術 ◀·············· 設計コア技術 ··············▶ 設計周辺技術

統計的手法 | 最適化手法 | リスク予測・リスク管理 | 協調設計・システム手法 | 意思決定手法・設計可視化 | プロセスやモデリングの記述法 | 発想支援 | 知識情報・技術伝承 | 感性デザイン・人間工学 | 設計論 | 組織論・プロジェクト工程管理 | コスト・経済性指標・調達 | DfX・モジュール設計 | FOA的な手法 | CAD/CAM/CAE | 計算機・設計インフラ

図 1-9 設計技術の位置づけ

同様に、設計という捉えどころのない現象（プロセス）を解明し、モデル化し、表現し、設計をさらに質的（いいものを）に量的（早く安く）に向上させるための考え方、方法、手法、ツールを提供する学問である。

設計技術として最も普及している CAD/CAE は設計結果の可視化ツールである。すなわち、**図 1-9** に示すように設計周辺技術である。重要なのは設計プロセスの可視化等の設計コア技術である。誤解して欲しくないのは、図 1-9 に示す設計周辺技術が重要でないと言っているのではない。重要であるがこの効果を最大化するのがデザインであるということである。図 1-7 で示した音のシミュレーションも音のデザインという価値尺度があって初めて意味を持つし、シミュレーション自体への要求仕様も明確となる。ただ、汎用のシミュレーションソフトをブラックボックス的に使用しても効果を期待できないのは明確である。また、設計技術も周辺からコアに行くほど、イメージが不明確になっている。これは図 1-9 のコア技術に分類されている設計技術があまりに一般論として研究されているからである。例えば、発想支援に関して Kelly の著書[5]がある。学問的ではない（学問的である必要もないが）が具体的であり、ヒントを得るところが多い。このように、具体例の積み重ねの結果として一般化されるのが本来の道筋である。

図 1-10 にデザインと設計の関係を示す。デザインで仕様を決め、設計で具体化するわけであるから、両者は自転車で言うところの両輪である。ただ、デザインは前輪（方向付け）、設計は後輪（加速）である。方向付けを間違えると、とんでもない方向に行ってしまう。これは加速が大きいほど被害甚大である。適切なデザイ

図1-10 デザインと設計の関係

ンと設計が必要なことはこれからもよく理解できる。

さて、本題の「設計からデザインへ」について述べる。言いたいことは一言で言うならば『デザイン思考の奨め』である。では、デザイン思考は難しいのだろうか。とても簡単なことである。日頃当たり前に考えていることに対して、原点に戻ってなぜと考えることから始まる。なぜ、この製品の騒音レベルは○○ dBでなければならないのかと考えることにより、音のデザインが発想されるのは自然な流れである。なぜか日本の製品は小さくて軽いものを指向しているが、これもなぜそうでなければならないのかを考えると新たなデザインが生まれるはずである。「設計からデザインへ」とは設計を止めて、デザインをしろといっているわけではなく、デザインを指向することにより、製品価値が最大化できるだけでなく、設計の範囲、レベルが上がることを意味する。図1-9に現状の設計技術の分類例と位置づけを示したが、これはあくまで現状の設計技術である。「設計からデザインへ」を実践することにより、この設計技術群ももっともっと多様性に富んだものになるはずである。**デザインが容易でないことはすでに述べたとおりであるが、だからこそ設計工学なるものが存在するのである。**

1.6 難関に遭遇したときどうするか

流体力学も機械力学も実は教科書に載っていない面白い（解明されていない）現象が現場には多く存在する。設計工学はそれ以上に現場に中心がある。したがって、**設計工学を行うには現場との連携が不可欠である。**

筆者は個人的に、製品分野に在席していたことから、機械力学、流体力学との付き合いが深い。経験した製品分野では、いくつも困難な現象に遭遇する。これを解明してくれるのが機械力学、流体力学であり、力になってくれたのが研究部門（Academia）である。今までわからなかったことがわかるようになるのであるから、

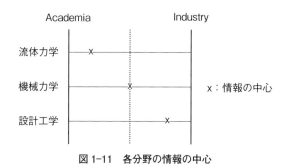

図 1-11　各分野の情報の中心

現場（Industry）にとっては非常にありがたいし、研究部門（Academia）にとっても研究のねたが貰えるのであるから言うことなしである。まさに理想的な Win-Win の関係が存在する。

設計工学は機械力学、流体力学以上にこの関係が重要と考える。これは、**図 1-11** に示すように情報の中心が設計工学の場合、現場にあることからもわかる。ただ、設計工学が難しいところは設計には困っているのだが、具体的に何に困っているのかを現場が研究部門に理解できる形で提示できないことである。これは何に困っているのかを理解することも設計工学の一つであると考えると方策も見えてくる。本当は、研究部門が現場に入り込んでやるのが一番いいと思う。本来、設計とは泥臭いものであり、まずこれを理解したうえでないと深みのある設計工学にはならない。

また、設計工学の評価の困難さもある。個人的には現場から見て役に立つかどうかで評価すべきと考えている。研究だから、役に立たなくてもいいという人もいるが、こと設計工学に限っていうとそれは間違いである。ただ、役に立つにもレベルがある。実は、現場が研究部門に期待しているのは、意外と直近のことではない。直近のことはたいてい自分たちでできる。業種にもよると思うが、"何を創ったらいいのか" は多くの企業が悩んでいる永遠の課題の一つであり、これこそ設計工学の極致と考える。必ずしも明確な答えである必要はない。指針を与えてくれるものであれば十分である。

設計工学の今後を考えた場合、まさに当該分野をどのようにデザインするかを考えることが重要である。その一端として筆者らは 2030 年の設計工学をイメージした設計ロードマップを作成した[1]（**図 1-12**）。研究部門から見て、これは現実味のないものかもしれないが、実は現場ではどこも指向している当然の方向である。これから見てもわかるように、現時点では設計工学分野における研究部門と現場の乖

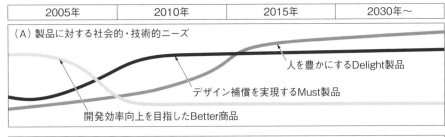

図 1-12 2030年の設計をイメージした設計ロードマップ

離は非常に大きい。あまりに溝が大きくて埋めようという気にもならないというのが正直なところかと思う。

　真の設計工学を目指すのであれば、まずは現場（Industry）が参画する仕組みを真剣に考える必要がある。そのために、現場を顧客と見立て、設計工学をデザイン、設計することから始めたいと思う。

第2章 何のための設計手法か

そもそも設計とは何で、これを支援する設計手法とはどういうものかを考えることにより、以降の設計手法の詳細な説明につなげたい。

2.1 設計上流で設計手法が使いづらい理由

実際の設計の一つのシーンを図 2-1 に示す。実際の設計においては設計に関する多くの情報（組織、人、コスト、リスク、経験、性能、等）は設計者の頭の中に存在する。設計者は日々刻々変わる設計環境に対応して自らの経験・知識を活かして設計活動を行っている。これらの情報を具現化し、データベース化することは可能かもしれないが、設計者の頭の中にある情報は設計者の日々の経験、勉学により更新されるものであり、設計者は状況に応じて無意識的に適切な情報を選び出していることを考えると、実際の設計に使えるデータベースを構築することは容易ではない。では実際の設計に設計手法が適用できないかというとそうではない。具体的な性能評価を行う場合には、試作・実験に加えて数値シミュレーション（CAE）を実施しているし、製品形状を第三者に理解してもらうために 3D-CAD を用いるのは日常的になっている。ただ、機械設計の場合、設計手法は設計のプロセスに組み込まれているというよりも、支援技術としてオフライン的に使用される場合が多いように思う。このあたりの理由について以下に考察する。

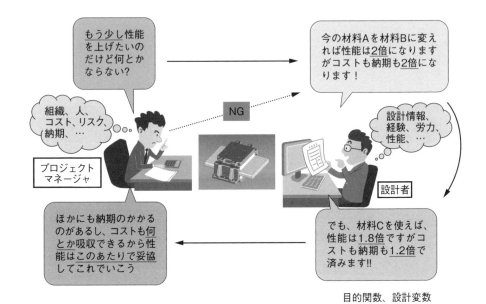

図 2-1　実際の設計の 1 シーン

　図 2-2 に設計プロセスと設計の自由度、情報の詳細度の関係を示す。設計は一般に、概念設計に始まり、機能設計、配置設計、構造設計を経て具体化し、最終的に製造設計を持って、生産現場にバトンタッチする。設計の自由度を考えた場合、概念設計で多くの設計解を考え、機能設計、配置設計を通して、構造設計では多くの場合、設計を絞り込んでいる。したがって、より良い設計解を選択するといった観点からは、概念設計、機能設計といった段階で多くの設計解を導出し、適切に選択することが設計全体を見た場合に非常に重要である。また、この段階は真の意味で複数領域の設計問題であり、設計者の直感が働きにくい。しかしながら、設計の上流段階では、設計情報の多くが設計者の頭の中にあり、第三者が理解可能な情報として表現することが困難な場合が多い。**この結果として設計手法の適用が設計上流段階では困難となっている。**一方、構造設計、製造設計の段階になると形状も具体的（CAD で表現可能）となり、CAE による性能検証も可能となる。しかしながら、この段階では設計の自由度はあまりなく、設計手法適用の効果は限定的となる。また、設計イメージが具体化しているため設計者の経験、直感が有効に作用する。このように設計のプロセスと設計手法適用の矛盾点が存在する。

　次に、設計者の資質の問題を考えてみる。実際の設計には多くの設計者が参画す

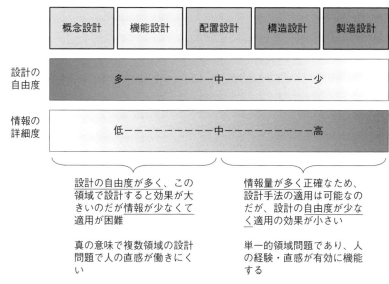

図 2-2　設計プロセスと設計の自由度、情報の詳細度

る。経験豊かなベテランの設計者から、入社したての新米の設計者、また、的確な判断ができる設計者から、的確な判断の得意でない設計者と種々雑多な設計者群をプロジェクトマネージャ（PM）は上手く束ねて効率的により良い製品を設計（開発）することを要求される。このような状況での設計者の資質と設計手法の関係について考える。設計者としての資質が高い設計者は図 2-1 の実際の設計シーンにおいて瞬時に適切な設計解の提示、判断が可能である。このような設計者が設計手法を使うことにより、より適切で正確な判断を行うことが望まれる。しかしながら、このような設計者は引く手数多であり、また、細かい設計よりも戦略的な設計に携わる場合が多く、設計手法を適用する機会は多くはない。一方、あまり資質の高くない設計者の場合、比較的設計手法に携わる機会は多いが、設計手法の本来の目的、原理を理解していない場合が時としてあり、設計手法の設計への適用の効果が明確でない場合がある。このように、設計者の資質と設計手法の間にも矛盾点が存在する。

　上記のように、実際の設計、設計と設計手法が抱えるいくつかの矛盾点を理解したうえで設計手法を実際の設計に適用していく必要がある。

　もう一つ重要な点は、設計の柔軟性である。最終的な設計結果はある意味矛盾なくできている。そうでないと設計を元にしたものづくりは成り立たない。しかしな

がら、設計過程においては、設計者の思考プロセスはダイナミックに変化する。すなわち、設計に関する境界条件、前提条件、目的関数、制約条件、設計変数は時々刻々変化する。また、ある瞬間だけを見ると矛盾だらけであっても、最終的には、全体としては整合性がとれているものとなる。設計手法適用の難しさはこのような柔軟な設計プロセスに対応しなければならない点である。すなわち、矛盾した設計問題をも考慮可能な設計手法が望まれる。しかしながら、多くの場合、設計手法は論理に矛盾がないことを前提にできている。このため、実際の設計には設計手法が適用できないケースが出てくるのである。

例えば、ジグソーパズルを考えてみよう。ジグソーパズルは全部品を組み立てるとちょうど1枚の絵（写真）になるように構成されている。これは最終的な設計結果に相当する。したがって、ジグソーパズルを計算機でやらせる場合には、各部品の形状、画像を認識させて、あとは計算機お得意の組み合わせ問題を解くことにより、解を求めることが（恐らく）できる。これは、ジグソーパズルのそれぞれの部品が最終的な完成品（絵または写真）の一部であることが保証されているからできるのである。もし、あるジグソーパズルの部品の一部が欠落し、その代わり他のジグソーパズルの部品が混入していたとする。こうなるともう計算機は判断することができない。しかしながら、人間はいろんなことを想定しながら、問題点を指摘（欠落しているという事実）と対策（欠落している箇所とその形状）をとることができるのである。設計とはまさに混沌としたジグソーパズルであり、単一解ではない（解がないかもしれない）未知の世界への挑戦なのである。

2.2 設計のトレンドと設計手法

図2-3に設計のトレンドとこれに伴う設計手法の変遷を示す。多くの設計手法は計算機の誕生とともに誕生し、20世紀後半の大量生産大量消費時代に大きく飛躍し、21世紀の多様化の時代を迎えてある種の壁に当たっている。例えば、CAEに関して言うと、実は本当に効果を上げているのはトラブル時対応のような問題解決型の場合である。これも設計（製品開発）の一部とはいえるが設計の本質ではない。設計とはこのようなトラブルが発生しないように事前に設計解に盛り込むことであり、問題提案型と言える。答えがわかっていて、これをトレース（Simulate）することが可能としても、事前に設計段階で予測（Estimate）することが可能であるとはいえない。設計段階で性能を予測するためには、ものごとを物理的に正しく

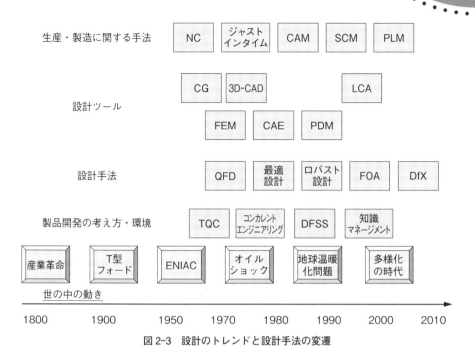

図2-3 設計のトレンドと設計手法の変遷

（偏見を持たずに）理解する洞察力と、これを具体化する幅広くかつ深い知識が必要となる。図2-3を見てわかるように最近の設計手法／ツールは個別技術から統合技術に移行している。これは間違った方向ではないが、個別技術が設計手法として完成したということでもない。設計手法は多くの個別技術を統合することによって初めて具体化する。しかしながら、個別技術が設計手法としての域に達していないことも事実であり、これらを実際の設計に適用するためには、CAD、CAEなどの個別技術の設計手法化にもっと注力すべきである。

CAEを例にとって、設計手法としてのCAEを考える。図2-4に簡単な円環の固有振動数をA，B，Cの3種類の汎用CAEツールで解析した結果を示す。ここではあえて3桁しか表示していないが、これでもモードによっては2桁目から各ツール間で差が見られる。この場合、従来の試験データ等があるCAE解析の場合は、実験結果と解析結果の比較により、実験の妥当性、解析の妥当性の評価ができ、結果として調整された解析モデルが実現する。それでは、設計にCAEを適用する場合を考えてみよう。この場合、一般には設計者は何らかの理由で（理由がない場合も多いが）選定した一種類のCAEツールで固有振動数を計算する。この場合、他

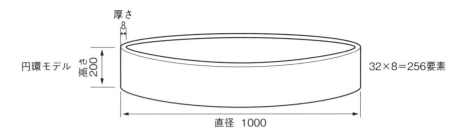

低次要素	A	B	C
1	2.63E+01	2.63E+01	2.64E+01
2	2.63E+01	2.63E+01	2.64E+01
3	6.42E+01	6.06E+01	6.04E+01
4	6.42E+01	6.06E+01	6.04E+01
5	7.48E+01	7.46E+01	7.53E+01
6	7.48E+01	7.46E+01	7.53E+01
7	1.44E+02	1.43E+02	1.46E+02
8	1.44E+02	1.43E+02	1.46E+02
9	1.98E+02	1.85E+02	1.85E+02
10	1.98E+02	1.85E+02	1.85E+02

高次要素	A	B	C
1	2.61E+01	2.61E+01	2.61E+01
2	2.61E+01	2.61E+01	2.61E+01
3	6.31E+01	6.12E+01	6.32E+01
4	6.31E+01	6.18E+01	6.32E+01
5	7.38E+01	7.38E+01	7.37E+01
6	7.38E+01	7.38E+01	7.37E+01
7	1.42E+02	1.42E+02	1.41E+02
8	1.42E+02	1.42E+02	1.41E+02
9	1.95E+02	1.88E+02	1.96E+02
10	1.95E+02	1.89E+02	1.96E+02

図2-4　CAEツールによる解析例

に比較する結果がないためこの結果を信用せざるを得ない。マクロな結果を知りたい場合には何ら問題はないが、ある程度の精度で数値をほしい場合には図2-4に示すように間違った結果を設計者に提供する可能性がある。図2-4で示した3種類のCAEツールはいずれも実績のあるものでツール自身に問題があるわけでなく、"それなりの理由"があってこのような結果を示している。したがって、設計者がこのようなCAEツールを用いてある程度の高精度で設計を行うためには、"その理由"を理解しておく必要がある。このためには設計者はFEMの高度の知識を有している必要がある。このようにCAE一つをとってみてもこれを実際の設計に適用するにはその設計手法化としての知識が必要となる。

2.3 何のための設計手法か

　何のために設計手法が必要なのであろうか。これには二つの理由がある。設計の効率化と高度化である。量的向上と質的向上と言葉を置き換えてもよい。例として、ワープロの黎明期とその後の普及を考えてみよう。ワープロが世の中に出るまでは、我々は自らの手で文章を書いたり、図を描いたりしていた。黎明期のワープロは、機能面、使い勝手の面で、現状のものとは程遠いものであり、当時、現在のように普及するとは誰も考えていなかった。したがって、当時はワープロ肯定派と、否定派に分かれていたように思う。肯定派はその便利さ（ワープロの長所）にひかれ、チャレンジした。

　一方、否定派は従来の方法とのあまりの差に戸惑い、「こんなものを使ったら、創造的な文章は書けない」とワープロという機械を自由に使いこなせない自分を機械のせいにしたものである。ワープロが誕生した理由は効率化であり、次第に人の方もワープロという機械に慣れて、文書の再利用などその利用のメリットが公知となっていった。当初は効率化が目的であったワープロであるが、開発を重ねるに従って、文章の構成、英文のスペルチェック、検索機能、等々、高度化も進んできている。こう考えてくると、設計手法もワープロと同じではないだろうか。ワープロが出現する前と後では明らかに仕事のやり方が変化している。これにインターネットが加わり、一気に仕事のやり方が激変した。ワープロ、インターネットがなくては仕事ができないのである。設計手法の現状はまさにワープロの黎明期にあると思う。

　確かに、設計手法がなくても、設計はできている。しかしながら、設計手法を上手く設計に活用している事例が増えている。また、わずかずつであるが、設計手法を上手く設計に活用している人、設計手法の適用の仕方を間違えてもがいている人、設計手法を否定し、頑なに古典的方法に頼っている人の差が出てきているように思う。ワープロと設計手法の大きな違いは、初期のワープロは業務の効率化（手書きの代替）でしかなかったのに対し、設計手法は、当初のCADのように手書き図面の代替と効率化の側面と、解析、最適化のような高度化の側面を最初から有している点である。したがって、もっと使われていいはずであるが、現状はそうなっていない。この理由として、設計手法のあるべき姿が見えていないことにある。ワープロは従来の手書き作業を全面的に置き換えることであり、非常にわかりやすい。し

かしながら、設計手法は設計という人的作業をすべて設計手法で置き換えるといった種類のものではない。あくまで、人が中心の設計という行為を設計手法で効率化、高度化を図ることにある。ワープロも本来の目的は、文章を考えて、その結果を文書にするという一連の作業の最後の部分を支援しているものである。設計の場合は、設計のアイデアを考える段階、アイデアを絞り込む段階、アイデアを具現化する段階、アイデアの機能を検証する段階に分かれており、それぞれの段階で、適材適所、設計手法を適用する。

　設計手法はその適用によって、設計の効率化を進め、効率化によって余った時間を、本来の設計思考に当てるという側面と、従来は手段がなくてできなかったことを設計手法により、実現するという二つの目的があると言える。

第3章 設計手法はいつどんな目的で用いられるか

設計手法はいつ、どこで、どのように使うかで異なる。ここでは、設計プロセス、製品形態、地域性と設計手法の関係に触れる。

3.1 設計手法はどんな目的でどんなものがあるか

最初に、現存する設計手法の抽出、分類を行う。この設計手法群は大きく以下の16項目に分類できる。

①設計論に関するもの

- 設計全般に共通する理論、考え方で、吉川の「一般設計論」[1]、Suhの「公理的設計」[2]が代表的である。
- 設計を理論化しようとする試みで、現時点でこれが成功しているとはいえないが、混沌とした設計という行為を体系化することは重要である。まずは、実際の設計を、後付でも説明できる理論化を行い、その後、設計行為そのもの適用するとういう手順を踏んでいくと実のあるものになる。

②発想支援手法、製品企画に関するもの

- 新しい製品を企画する際、参考となる手法、考え方。代表的なものとしてTRIZがある。
- この領域の設計手法は色んな要因もあり誤解されている。最大の誤解は、手法を

適用すれば何でもできると考えている点である。この原因は、手法の提供側、受け手側の双方にある。よく見受ける論理は上手くいった製品開発を手法で説明できるから、設計に適用できるというものである。100に1つが上手く説明できたからといって、残りの99が説明できるわけではない。また、受け手側にも問題がある。何の考えもなく発想を支援してくれる手法がある訳はないことをよく理解しておく必要がある。設計手法全般に言えることだが、設計者が十分に考えていることを前提に、支援技術は効果を発揮する。発想支援手法、製品企画に関するものは特に、この色彩が強い。

③知識情報処理、組織知の技術伝承に関するもの

- 設計情報の知識化（形式知化）、設計情報の再利用に関する枠組み、手法で、ナレッジマネージメント、ナレッジデータベースがある。
- 設計を行ううえで、過去の設計知識（ノウハウ等）をどのように活用するか、また、現在行っている設計の中身をどのように第三者に理解できる形で伝えるか／残すかということは重要なことである。ただし、設計情報というものはすでに述べたように、混沌としたものであり、また、設計結果自体は論理性が保たれているものの、設計情報で最も重要な設計履歴に関する情報は、ある意味、矛盾に満ちている。この矛盾をどう解明するかが、設計の醍醐味といえるのだが、これを形式知として残すことは容易ではない。設計情報の知識化は、暗黙知の形式知化とよく言われる。ただし、暗黙知といっても、元々存在しないものは暗黙知ではなく、潜在的に設計者の頭の中に眠っているのだが、本人が意識していないものが暗黙知である。このような暗黙知であっても、うまく誘導することによって形式知化することは可能である。最近のインターネットの普及によって、情報検索が飛躍的に向上した。今までありつけなかった情報を簡単に得ることが可能である。これはまさに暗黙知の形式知化の一例である。設計情報の知識化、再利用に当たっては、このようにIT技術を活用することも重要である。

④FOA的な手法、上流設計支援に関連するもの

- 上流設計段階では、多くの選択肢に対してマクロな評価が必要で、これを具体化する考え方、手法である。
- 上流設計段階で、多くの設計解を評価、この中から最良の解を選択することは、製品開発全体を考えたときに非常に重要である。しかしながら、設計の上流段階では情報が少ない、情報の精度が低い等の課題がある。そこで、対象としている

第3章 設計手法はいつどんな目的で用いられるか

機器、現象の本質を的確に抽出、簡易すぎない程度に簡易に表現することが重要となる。複雑な機器、現象であっても、これらを左右しているのは、数個の要素、いくつかの基本的現象である場合が多い。このことはわかってしまえば、当たり前なのであるが、設計の上流で推測することは経験と勘と深い洞察力が必要である。

⑤ CAD/CAM/CAE/シミュレーション、RP、CG

- 製品イメージ、性能を表現するための手法群で、これらをいかに設計に効率的に取り込むかがポイントとなる。
- CAD/CAM/CAE は最も普及している設計手法の一つである。しかしながら、設計という行為そのものを支援するというより、設計したものを第三者が理解可能なように表現、設計した機器の性能を予測・確認、形状データを製造側で理解可能なように変換と、どちらかというと縁の下の力持ち的存在である。特に、CAE は設計の視点からは、扱いが難しく、本書ではいろいろな角度から、CAE の正しい使い方に触れる。

⑥最適化手法に関するもの

- 目的関数、制約条件のもとで、設計パラメータを最適化する手法である。設計に最適化手法を取り込むには、手法そのものだけでなく、目的関数、制約条件、制約条件をどう選ぶかがより重要である。
- 最適化手法を設計に活かすには、設計プロセスとの関連が重要である。特に、上流設計段階では、曖昧な情報の中で、コスト、感性、機能を含めた総合的最適化が要求される。現在の、最適化手法は、これに答えることはできていない。この理由は、このような要求があることを、最適化手法の研究者が理解していないこと、上流設計段階での設計情報の定義が明確でないことがあげられる。最適化手法は、上記の上流設計段階で効果を出して初めて、設計手法といえる。

⑦統計的品質設計手法に関するもの（DFSS、ロバスト設計、VE に関連するもの）

- 設計の評価指標の一つとして品質がある。品質は製品のばらつきを最小限にすることと同義であり、品質評価ために統計的手法を使用する。
- 統計的手法を用いる際に重要なのは、元となるデータの品質である。なぜならば、統計的手法（これに限らず、すべての設計手法に言えることだが、特に、統計的手法に関しては）は元データが正しいことを前提に、以降の処理が行われる。したがって、どのようなデータを扱っているかに十分配慮する必要がある。寸法等

に関しては、公差の概念がわかりやすいが、コスト、スケジュール、性能、等に関しては、定義が困難である。たとえ定義できたところで、現在の統計的手法でこれが扱えるものは少ない。

⑧協調設計、システム手法に関するもの
- 実際の設計では、上流／下流、メカ／エレキ／ソフト、など種々のフェーズ、種々の部門が混在一体となって進行する。これを効率的に行うための考え方、手法である。
- 上流／下流、メカ／エレキ／ソフトでは、設計情報の粒度、計算機言語が異なる。また、多くの異種分野の設計者が関係する場合、いわゆる"伝言ゲーム"現象の発生が危惧される。この"伝言ゲーム"現象は、参画する設計者の増加とともに指数関数的にその機会（危険）が増える。このような状況下で、協調設計を効率的に行うには、分野を超えた共通の枠組み、言語が必要となる。

⑨プロセスやモデリングの記述法、製品データ管理に関するもの（PDM、PLM）
- プロセスの可視化、モデリングの表記方法、製品データを統一管理する枠組みである。
- 一昔前は PDM、最近は PLM という言葉で代表される領域である。PDM が製品開発プロセスのある領域に特化しているのに対し、PLM は製品開発プロセス全体を対象としている。この領域のツールの目的は製品開発プロセスの履歴を忠実に残し、次機種の開発に活かすとともに、製品開発に参画する多くの設計者、技術者、他が情報共有できる仕組みを作るところにある。この場合、最終形状である CAD、性能評価結果である CAE は比較的、残すことが容易であるが、実は、製品開発で重要なことは、試行錯誤のプロセスそのものである。この部分は、実は混沌としていて形式知として残すことが困難である。この困難な部分が表現、蓄積、再利用できるようになって初めて真の設計手法になりうる。

⑩DfX（DfM、DfE、DfV、DfA….)、統合モジュール設計に関するもの
- 製品開発を統合的に行う考え方である。
- DfX（デザイン・フォー・エックス）は、製造設計をフロントローディングする考え方、手法としてスタートした。しかしながら、製品価値の多様化、製品開発のおける戦略の重要性から、DfX の考え方は、下流設計のフロントローディングにとどまらず、顧客要求、開発戦略、再利用など、製品開発プロセス全体を考慮した設計の考え方、手法へと大きく変貌しつつある。

第3章 設計手法はいつどんな目的で用いられるか

⑪意思決定手法、設計可視化に関するもの
- 意思決定は設計者が行うものであり、この意思決定を効率的、正しく行うための考え方、支援手法である。設計の可視化は、設計を第三者が判断可能な形で表現するもので、製品開発のいろんな局面での意思決定を支援する。
- 意思決定を行うという行為自体が"設計"そのものであり、このためには設計を可視化して、設計者が正しく意思決定を行えるように支援することが必要である。意思決定に必要な設計情報は多種多様であるため、これらを一元的に可視化することは不可能であり、設計者の意図、意思に基づいて、膨大な情報から必要な情報を抽出、可視化するする仕組みが望まれる。

⑫感性、デザイン、人間工学に関するもの
- 製品は性能だけでなく、琴線に触れる（感性）、見た目の良さ（デザイン）、使い勝手（人間工学）も重要である。
- 性能はCAE等で定量化、数値化が可能である。したがって、感性、デザイン、人間工学を設計に取り込むためには同じ土俵で評価する必要がある。このためには、感性、デザイン、人間工学に関する情報を定量化、数値化する必要がある。デザインは3D-CADで表現可能と考えられるが、これは形状を表現しているだけで、丸いとか角ばったといった情報を表現できているわけではない。また、座りやすい椅子とか座りにくい椅子といった人間工学的評価も総括的に定義できているわけではない。これは今まで、設計、感性、デザイン、人間工学が個別に発展してきたためであり、設計というものを柱に感性、デザイン、人間工学を考えることにより、十分実現可能な領域である。

⑬組織論、プロジェクト管理、工程管理に関するもの
- 設計（製品開発）を行う際の組織、構成の最適化、製品開発の進捗管理に関する考え方、手法である。
- 設計を行う際には、個々の能力が高くても、これらを活かす仕組みが存在しないと上手く機能しない。個々の能力を活かして組織としての力を最大化する考え方（組織論）、その運用方法（プロジェクト管理、工程管理）が重要である。

⑭コスト、経済性指標、調達に関するもの（SCM）
- どのようにいい製品であっても、コストの観点を無視しては成り立たない。コスト評価、経済性評価、コストを最小化するための調達法に関する考え方、手法である。

- コスト、経済予測、調達方法はできれば開発の初期から考慮しておくことが望ましい。開発初期には方向性を見極めるためのコスト予測、調達計画、開発の進捗に合せてこれらを具体化していくといったマクロからミクロへのシームレスな連携が望まれる。

⑮ リスク予測、リスク管理に関するもの

- 製品が市場に出てから、トラブルが発生するリスクの予測、発生した際の対応の手順に関する考え方、手法である。
- 航空機、宇宙システム、原子力プラントなどの大規模システム開発を行う際には、リスクを予測し、管理することは必須である。しかしながら、日本においてはまったくのゼロからこれらの開発を行った経験に乏しい。また、日本固有の擦り合せ技術はこのような方向とは異なる。こういった理由により、リスク予測、リスク管理に関する検討は十分に行われていない。リスクのない製品開発はないわけであり、リスクと開発期間、コスト、等とのトレードオフを製品開発の機軸にすえることにより、戦略的な製品開発が初めて可能となる。

⑯ 計算機技術（ハード／ソフト）、設計インフラに関するもの

- 設計を行う際の計算機（ハード、OS）、計算機上で使用するソフトウェア、その他のインフラ、およびこれらを運用するための考え方、手法である。
- 計算機技術、設計インフラなしには設計手法を設計に上手く活かすことはできない。しかしながら、これらはあくまで手段であり、人間中心の設計の視点から、設計手法を考え、そのうえで、どういう計算機技術、設計インフラが必要か考える必要がある。設計者不在の使いにくい（使い勝手だけでなく、過度に性能が高い）計算機環境だけは避けたい。空気のような存在の計算機技術、設計インフラが理想である。

3.2 設計プロセスと設計手法

設計手法はそれぞれ得手不得手があるとともに、設計手法を使用するタイミング、すなわち、設計プロセスのどこで使用するのに適しているのかを理解しておくことが、設計手法を正しく設計に適用するためには重要である。

3.1 節で述べた 16 項目の設計手法を設計プロセス上にマッピングしたのが**図 3-1**である。ここでは、設計プロセスを、上流から下流に向かって、概念設計（製品コンセプトの決定）、機能設計（製品機能の決定）、配置設計（大まかな製品レイアウ

第3章 設計手法はいつどんな目的で用いられるか

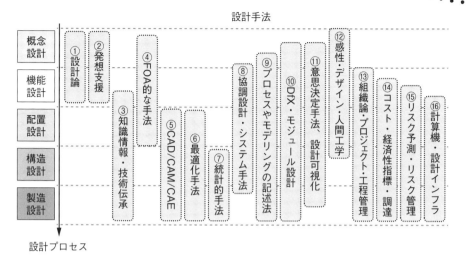

図3-1 設計プロセスと設計手法

トの決定)、構造設計(強度等も考慮した詳細設計)、製造設計(製造性を考慮した設計)の5つに分類している。このマッピングはたぶんに主観的なものであるが、ここで言いたいことは設計手法によって得意とする設計プロセスが存在するということである。

例えば、性能検証する手段として、CAEが存在するが、CAEを適用するためにはそれなりの情報が必要であり、現状のCAEではそれが可能なのは配置設計以降である。一方、設計をやっている側からは、概念設計、機能設計段階でも考えている製品コンセプトの性能がどの程度なのか、精度は悪くても知りたいものである。しかしながら、このようなときに支援してくれる設計手法がないことがこの図から読み取れる。これを具体化する考え方としてFOA的手法がある。いわゆる「アタリ」をつける考え方、手法でまだ確立した方法があるわけではないが、このような考え方が重要である。最適化手法、統計的手法も同様の状況にある。すなわち、設計下流プロセスで実績のある手法の設計上流への適用化研究が、設計に使える設計手法の開発には重要である。

一方で、設計上流、あるいは設計本質に関する考え方、理論として設計論がある。設計がある種、場当たり的に進められている現状を考えると、設計論は非常に重要である。しかしながら、設計論と実際の設計には大きな隔たりがある。実際の設計は多様性を有しているのに対し、設計論は設計のある側面からしか述べていないか

らである。上手くいった設計（製品開発）を説明できたからといって、真理を述べていることにはならない。その逆、すなわち、その理論を用いて実際の設計ができて初めて設計論となりうる。だからといって、設計論が不要なのではなく、設計の質的変換を実現するには設計論的考え方は重要である。設計者が経験的に知っている設計の鉄則を説明できる理論を構築することから始めると設計論が構築できるかもしれないし、現状の設計論の妥当性も評価できる。

　上述の16項目の設計手法の多くは設計への適用を前提に開発されたものではなく、設計手法の予備軍と考えていただきたい。実際の設計に適用するためには、状況に応じた設計手法化が必要であり、これが設計工学の本来の目的の一つである。

3.3　製品ライフサイクルと設計手法

　製品ライフサイクルは一般に図 3-2 のようになっている。ここで、設計というのはその初期に当たる部分でこの図では企画構想、概念設計、詳細設計がこれに相当する。製品は設計の後、試作調達、製造組立を経て製品としての体をなし、出荷、据付調整、サービス、保守と顧客側へとその場所が移行する。寿命を全うした製品は回収、再生され、次の製品開発へ活かされる。この図からもわかるように製品開発初期段階である設計段階では製品ライフサイクル全体を考慮した設計を行うことが望ましい。

　ノート PC を例に考えてみる。企画構想段階では、対象とする顧客層を絞り込み、

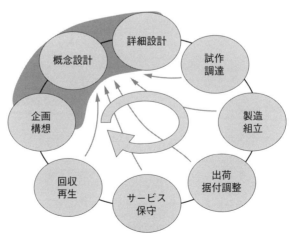

図 3-2　製品ライフサイクルと設計

第3章 設計手法はいつどんな目的で用いられるか

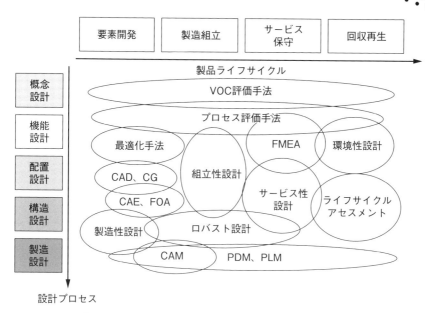

図3-3　製品ライフサイクル、設計プロセスと設計手法の関係

商品コンセプトを検討決定する。次に、この商品コンセプトを概念設計により具体化していく。最後に、製造性も考えて詳細設計を行う。通常は、この3つの段階が設計であるが、この一連の設計を行う際に、部品の調達、製造組み立て性、梱包の方法、搬送の方法、サービス、回収再生のことなど製品ライフサイクル全体を通したことも考慮しておく必要がある。ノートPCの場合には、過去の製品開発の情報も有効な設計情報となる。

図3-3に製品ライフサイクル、設計プロセスと設計手法との関係を示す。各設計段階で、製品ライフサイクルの各項目をどのような手法で評価するかを示している。実際には、設計プロセス、目的とする製品ライフサイクルの項目に応じて最適な手法を適用する。図3-3に示した手法は代表的なものであり、目的に応じて複数の手法を統合して使用することもあり、また、新たに開発することもある。

3.4　製品形態と設計手法

設計手法の設計への適用方法は、設計プロセスによって異なるばかりでなく、対象とする製品分野によっても大きく異なる。図3-4に製品形態による製品分野の分類例を示す。横軸に開発規模、縦軸に製品の顧客をとり、種々の製品をマッピン

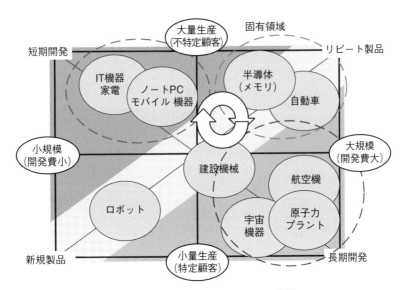

図3-4 製品形態による製品分野の分類

グした。このようにマッピングすると、結果的に、右上が自動車、半導体といったリピート製品、左下がロボットに代表される新規製品、右下が原子力プラント、宇宙機器といった長期開発製品、左上がノートPC、家電に代表される短期開発製品となっている。

右下の製品分野は開発規模が大きく、顧客が特定され、比較的長期の開発製品である。航空機、宇宙機器、原子力プラントがこれに相当する。このような製品の場合、性能追求型の製品開発が可能で、試作、CAEを多用することにより大きな効果をあげることができる。例えば、航空機、タービンの設計においては、その翼形状が直接性能に影響する。翼形状は流体工学の範疇であり、いわゆるCFDが威力を発揮する。また、その製品の大きさ、規模の理由により、仮想的な試作を多用せざるを得ないという事情もある。例えば、宇宙機器の場合には、宇宙環境と同等の条件を地上で実現することは困難であり、事前に性能検証を行うには、多くのCAEを用いることになる。現象論的にも、流体力学、熱力学、構造力学、機械力学、電磁気学、等、十分に蓄積があり、実績のある技術の上に成り立っている製品群である背景もある。しかしながら、このような製品分野も最近は、市場のオープン化、顧客の多様化により、軌道修正を迫られつつある。

この対極にあるのが左上の製品分野である。この製品分野は小規模、大量生産

（顧客不特定）、短納期が特徴で、携帯機器等がこれに相当する。従来の性能優先型設計に加えて、納期、コストの両立、さらには顧客要求に迅速に対応した設計、携帯機器特有の製品設計（携帯性等）など多様な設計を要求される。また、要素技術的にはメカのみならずエレキ、ソフトウェアといった技術が渾然一体となっている。また、ニーズ指向型製品であるがゆえに、シーズ（技術）が十分に蓄積されておらず、CAE も容易ではない。また、CAE を適用するより、作ってしまったほうが速いと考えがちな製品領域でもある。したがって、この製品分野では設計手法の適用はその困難さもあり遅れているが、実は他社との差別化、迅速な開発を実現するうえでも、最も設計手法を必要としている分野でもある。すなわち、**どう作るかという How to design のほかに、何を作るかという What to design も重要な要素となる**製品分野である。

半導体、自動車は上記の中間に位置する製品分野で、それぞれ独自の開発手法、設計手法を確立しており、最も設計手法が効果を上げている分野でもある。ただ、その独自性ゆえ、他分野への波及効果は見えない。

このように製品分野によって、設計手法の設計への適用の実体は千差万別であるが、ある分野で効果を上げた設計手法を一般化し、これを他分野へ展開していくことにより、設計手法が本当に使える設計手法へとさらに成長していくと考える。

また、ここでは触れていないが、MEMS のようにまったく新しい製品分野で、なおかつ、実験的検証が困難なものに関しては新しい設計手法が必要なっている。

3.5 システム設計技術は不可欠な設計手法

設計生産が日本国内にとどまっている限りは、日本と言う文化を基本にした設計のみを考えれば良かった。しかしながら、現実には、グローバル化の波に押されてグローバル対応せざるを得ない状況にある。グローバル対応の仕方には二つある。一つは日本流のやり方を押し通すことである。日本が得意な生産（製造）技術においては、実体がある（現物主義）ため、ある程度、考え方に違いがあってもこの方法が通用する。しかしながら、設計は考え方そのものであり、考え方、文化の違いが直接影響する。日本はもともと、"曖昧さ"を特徴とするだけに、こと設計に関しては、日本流の設計を押し通すことには限界がある。グローバル対応のもう一つの方法は、徹底的に、相手国の考え方、文化に合わせることである。ただし、設計の場合には問題がある。相手に合わせたために、設計意図が伝わらないリスクであ

る。これは、言葉の問題と同じである。日本語では上手く意図を表現できるのに、英語になると思うように表現できないと言った経験は日本人であれば誰でも持っていると思う。英語の場合も、英語の本質を理解し、英語ならではの（日本語にない）表現方法をマスターできれば一人前である。設計にも同じことが言えるのではないだろうか。

日本機械学会設計研究会で、米国とEUでワークショップを開催した。これらの結果も含めて、日米欧比較を行ったので以下に概要を紹介する。

設計における日米欧比較を行う前に、日本と西欧の文化比較を行ってみたい（**表3-1**）。よく言われることは、日本は農耕民族で、西欧は狩猟民族ということである。でもこれが本質的に日本と西欧を分けている要因だろうか。日本は農耕だけでなく、漁業も営んでいる。漁業は一種の狩猟であろう。農耕をやっている人と漁業をやっている人が本質的に異なるとは考えにくい。では、何が日本と西欧を分けて（両者が異なることは明白）いるのであろうか。やはり、地理的な問題が大きいと考える。常に、周りとの力関係で国を維持してきた西欧はアクティブ（能動的）にならざる

表3-1　西欧と日本の文化の比較

項目	西欧文化	日本文化
文化	狩猟民族	農耕民族
雇用形態	能力連動型年俸制	終身雇用、年功序列型賃金体系
組織	フラット	ピラミッド型
決定プロセス	トップダウン	合議制（多数決）
評価	独自性	相対評価
生産の重点	戦略的に革新的生産	より良いものを安く生産
支えている製品	航空・宇宙	自動車
生産システム	自社生産	系列システム
企業の最優先項目	利益	マーケットシェア
製品開発の強み	設計技術	生産技術
研究	基礎研究	応用研究
該当することわざ	先んずれば人を制す 嘘も方便 時は金なり 壁に耳あり よく務めよく遊べ	出る杭は打たれる 共同責任は無責任 雄弁は銀、沈黙は金 船頭多くして船山に上る 三人寄れば文殊の知恵

を得ない。一方で、日本は極東に位置し、さらに周りを海と言う理想的な砦で囲まれている。したがって、よほどのことがない限り、周りから攻め込まれることはないため、結果としてパッシブ（受動的）になる。

上記のような文化的違いは、設計にも如実に現れている。図3-5は設計手法マップに、各地域の注力分野を示したものである。米国はトップダウン型で、あまり迷いもなく、多くの設計手法を戦略的に適用している。米国が採用している多くの製品開発の考え方、手法が日本に端を発していることは興味深い。また、西欧はその歴史的背景をベースに人間系（人を介した技術の伝承）と地に足の着いた設計手法の適用を行っている。一方、日本はボトムアップ型で個人個人の設計手法適用能力は高いものの、これらを組織として戦略的に適用することに関しては弱い。現在、日本発の設計手法が米国で洗練された戦略的設計手法へと発展し、日本に逆輸入されている。これらの手法は米国向けにカスタマイズされたものであり、これを日本に適用するには、さらに、日本向けに再カスタマイズする必要がある。

3.1項で16項目の設計手法群を紹介した。これらはさらに大きく、
- 設計基盤技術に関するもの
- 設計知識技術に関するもの

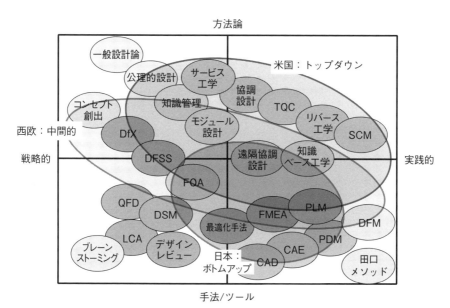

図3-5　日米欧における設計手法注力分野の違い

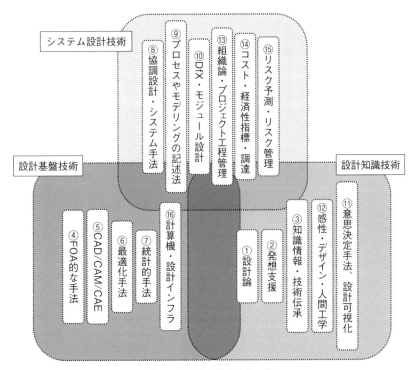

図 3-6　設計工学の三位一体

- システム設計技術に関するもの

に分類される。図 3-6 に分類例を示す。これらの分類は、実は地域性と大いに関係がある。設計基盤技術はいわゆる設計ツール群であり、ツールとしてはほぼ確立しているが、これらを設計にいかに適用するかがポイントである。この部分はある意味、ボトムアップ型の部分であり、日本が最も注力している分野である。設計知識技術に関するものは、設計を考える際に最も重要な分野で、設計の本質であるが、これを手法化することは容易ではない。ただ、欧米はこの分野に果敢にチャレンジしている。本来、日本も感性（KANSEI）などこの分野を得意としているはずであるが、**設計手法と言う形式知化が不得手なため**、一歩後れをとっている。一方、システム設計技術は、大規模システムにおいては、必須の技術である。いわゆるシステムズエンジニアリングと呼ばれているものがこれに相当する。NASA の宇宙開発、欧米の航空機開発等は、システムズエンジニアリングの考え方がなければ実現しなかった。したがって、**欧米ではシステム設計技術（システムズエンジニアリン**

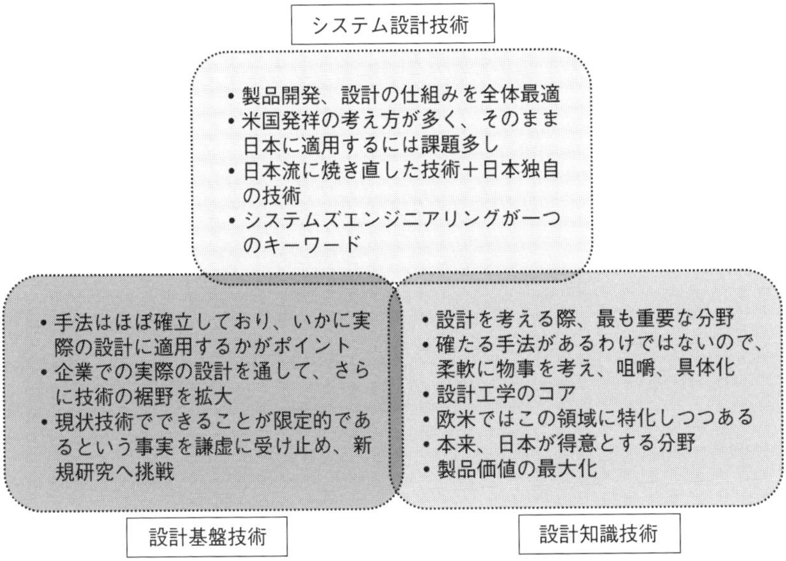

第3章 設計手法はいつどんな目的で用いられるか

システム設計技術
- 製品開発、設計の仕組みを全体最適
- 米国発祥の考え方が多く、そのまま日本に適用するには課題多し
- 日本流に焼き直した技術＋日本独自の技術
- システムズエンジニアリングが一つのキーワード

設計基盤技術
- 手法はほぼ確立しており、いかに実際の設計に適用するかがポイント
- 企業での実際の設計を通して、さらに技術の裾野を拡大
- 現状技術でできることが限定的であるという事実を謙虚に受け止め、新規研究へ挑戦

設計知識技術
- 設計を考える際、最も重要な分野
- 確たる手法があるわけではないので、柔軟に物事を考え、咀嚼、具体化
- 設計工学のコア
- 欧米ではこの領域に特化しつつある
- 本来、日本が得意とする分野
- 製品価値の最大化

図 3-7　設計工学の三位一体の現状分析

グ）は、設計技術（製品開発手法）として定着している。しかしながら、日本ではこの考え方がほとんど存在しない。これはある意味不思議な話である。日本でも半導体、原子力プラント、等の大規模システムを開発しているにもかかわらずである。これは、これらの大規模システムも、もともと、その原理原則は輸入したものであるからではないだろうか。すなわち、本当にオリジナルな大規模システムが日本にあるならば、システム設計技術も自然な形で醸成されたのではないだろうか。システム設計技術が必要となるオリジナルな大規模システム開発が日本には必要な時期に来ている。

　図 3-7 に示す設計基盤技術、設計知識技術、システム設計技術の特徴を活かした三位一体の設計手法が重要である。

第4章 具体的にどんな設計手法がどう役立つか

　設計手法に関しては、第3章でその全体像を紹介した。ここでは、現時点で、実践的に使える手法についてその詳細を紹介する。"使える"の意味は、多くの設計手法群のうち、実用レベルにある設計手法であるという意味と、部分的な適用に止まるものの、設計を行ううえでたいへん有為な設計手法という二つの意味がある。ここでは、代表的な設計手法として以下の5つを紹介する。

- 戦略としての設計手法
- 価値評価のための設計手法
- 機能評価のための設計手法
- 性能評価のための設計手法
- システム・リスク評価のための設計手法

　上記の分類は、設計を行ううえで必須である基幹手法という側面であり、上記の各設計手法の中に実用レベルにある個別の設計手法、そうでない個別の設計手法が混在している。

4.1 戦略的製品開発のための設計手法

　設計は製品開発の根幹を成すもので、本来、戦略的に行われるべきである。しかしながら、日本において、設計はボトムアップ的に行われており、"生産"主導型

設計においては大いにその効果を上げてきたが、市場が成熟期を迎えた製品分野においては、ボトムアップ的設計手法では立ち行かなくなっている。日本の特質を活かしたボトムアップ型を活かしつつ、戦略的に設計を行うトップダウン型を融合した設計手法が必要となっている。ここでは、戦略としての設計手法としてDfXを紹介する。

4.1.1 日本に勝つために生まれたDfX

DfX（Design for X）という言葉を初めて使ったのは1990年、米国Bell研のFooらと言われている[1]。競争力と利益を生む製品開発のための考え方としてDfXを提唱、あわせてその具体的方法も示している。製造、流通、据付、運転、サービス、保守を設計段階で十分に考慮して製品ライフサイクルを通しての性能および利益の最大化を目的としている。従来、トップダウン的であった米国の製品開発においても、日本との競争に打ち勝つためには、さらに、戦略性が必要であるとして、DfXの概念を考え、実践したことは興味深い。

その後、DfXはDfP（生産性設計）、DfA（組立性設計）など主に製造性に重点をおいたDfX、すなわち、DfM（Design for Manufacturing）を中心に展開されてきた。一方、1990年代後半になると時代を反映して、環境負荷を考慮した製品開発、顧客主導型製品開発といった従来にない新しい設計法が必要となってきた。

そこで、ここではDfXをFooが最初に定義した考え方に基づき、さらに環境負荷、顧客の声をも含めた、より広く製品ライフサイクルを通して製品価値の最大化を設計段階で図る考え方およびそのための手法と定義する。

4.1.2 製品開発の上流をデザインする[2]
（1）製品開発はライフサイクルを描いている

製品開発プロセスは一般に**図4-1-1**のようになっている。製品イメージを検討する企画構想（コンセプト設計）、企画での仕様に基づいて製品イメージを具体化する概念設計、さらにより詳細な設計、部品、材料等の調達、製造／組立を経て製品として完成する。製品は出荷、据付／調整され、稼動状態となる。稼動後もサービス／メンテナンスにより常に最適な状態で稼動できる状態を保つ必要がある。寿命を全うした製品は一部廃棄、一部回収再生され、さらに新規製品開発に供される。このように、製品開発はライフサイクルを描いている。

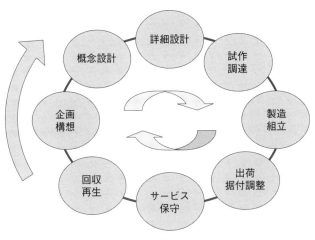

図 4-1-1　製品開発プロセス

（2）製品開発の成否は上流設計が握る

　製品開発のライフサイクルコストは製品開発の進行とともに**図 4-1-2** のように決まっていく[3]。すなわち、**設計終了段階で製品の全ライフサイクルコストの 80 ％が確定する**。これは試作調達、製造組立以降の変更は大きな後戻り（バックトラック）を発生し、製品開発にコスト、スケジュールの両面で甚大な影響を与えることを意味する。したがって、**設計を戦略的かつ効率的に実施し、それ以降の製品開発での後戻りを減少させることが製品開発において非常に重要であることがわかる**。設計でも、詳細設計となると作業的にも負荷が大きくなり、設計のやり直しは製品開発全体に少なからぬ影響を与えるため、できればより上流の概念設計段階で可能な限り種々の側面からの検討を行うことが重要である。

　ここで、上流設計の重要性を具体的に考えてみる。例としてある機械システムの開発を考える。機械システムを開発する場合に最初に方式を検討し、次に構造を考えるのが一般的である。方式検討を上流設計、構造設計を詳細設計と考えられる。ここでは簡単のために、方式として 2 方式、構造として各方式に対して 2 構造あるとすると、設計問題は二者択一問題に置き換えられる。この結果、最終的に製品 A、製品 B、製品 C、製品 D の 4 種の製品が可能性として考えられる。ここで、各製品は A、B、C、D の順に優れた機械システムと仮定する。このような場合、二者択一の段階で何も考えずに選択すると二者のそれぞれを選択する確率は 50 ％、50 ％となる。一方、二者択一の段階でいわゆる設計作業を実施することによって

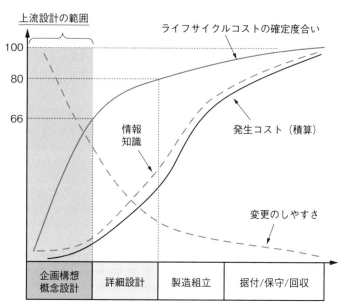

図 4-1-2　製品開発における上流設計の重要性

選択確率が 80 ％、20 ％になると仮定する。

　図 4-1-3（a）は、いわゆる設計作業を行わなかった場合で、最も優れた機械システム A に到達する確率は 25 ％となる。

　図 4-1-3（b）は、いわゆる詳細設計に注力する従来の設計の場合で、機械システム A に到達する確率は 40 ％で、機械システム C に到達する可能性も 40 ％となる。したがって、機械システム C に到達した場合にはこれが最も優れた機械システムと判断してしまう。また、この段階でほかにも良い解があることに気がついても方式検討の段階まで戻る必要があり、大きな後戻りが発生する。すなわち、図 4-1-3（b）の場合には大きな後戻りの可能性が 50 ％ある。

　一方、図 4-1-3（c）に示すように詳細設計だけでなく、上流設計にも注力する場合には、最適な設計解である機械システム A に到達する確率は 64 ％と飛躍的に高まる。このことは最短時間で最適解に到達することができることを意味する。また、大きな後戻りが発生する可能性も 20 ％と激減する。このように詳細設計だけでなく、上流設計にも同様に注力することの重要性が定量的に理解できる。

　図では二者択一問題として設計を捉えているが、実際の設計では多くの選択肢を有する。特に上流設計では大きな後戻りがないために、多くの設計解に対して検討

具体的にどんな設計手法がどう役立つか

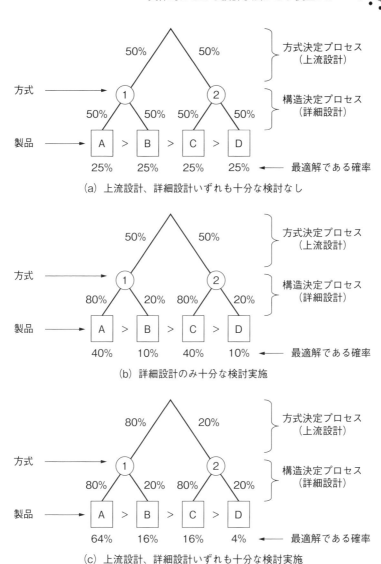

図 4-1-3　上流設計の重要性

選択が容易であるというメリットもある。

図 4-1-4 に上流設計に重点を置いた製品開発プロセスを、従来の製品開発プロセスと対比して示す。ここで重要なことは製品開発の期間短縮であり、期間短縮のためにある程度のコスト（負荷）が発生することは容認している点である。この点は最近の製品開発が顧客の要求をいかに迅速に製品として具体化するかに重点が置

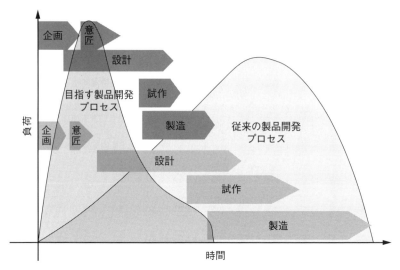

図 4-1-4　上流設計に特化した製品開発プロセス

かれていることからも理解できる。

(3) 上流設計を具体化するための考え方 DfX

　上流設計を具体的に実施する考え方として DfX がある。DfX は製品のライフサイクルを通して発生すると想定される**諸問題を、企画、概念設計（上流設計）段階で検討することによって、詳細設計以降の製品開発後半での後戻りを極力減らす**考え方である。スタンフォード大学の石井教授の定義によると、『DfX とは、製品開発において企画から設計に移行する際、論理的にプロジェクトの性質を解析し、それにふまえて焦点をさだめ、以降の開発活動に有効な個々の設計手法（DfX の X）を選択し投入計画を立てる活動である』とある。

　図 4-1-5 に DfX の概念図を示す。性能検証のための設計だけでなく、製造性、組立性、保守性を考慮した設計、環境に関わる解体性、リサイクル方法を考慮した設計、さらには使いやすい、飽きがこないといった顧客要求満足度に関する項目も評価対象となる。DfX の X は評価する項目を意味する。例えば、製造性（Manufacturing）評価のための設計は DfM、環境（Environment）評価のための設計は DfE などといった具合である。

　DfX は製品によってもアプローチの仕方が異なる。ある製品（Y）に関するもの

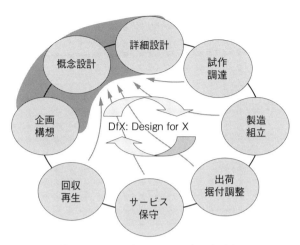

図 4-1-5　DfX（Design for X）の概念図

を、DfX of Y と呼ぶことがある。例えば、ノート PC 開発では、性能面では冷却を考慮した設計、環境面では廃却／リサイクルの容易な材料選定および解体のしやすさを考慮した設計法が必要となる。一方、宇宙機器の場合には、極力トラブルが発生しない設計、また不幸にして発生しても対応できる仕組み、構造を考慮した設計が必須となる。

　DfX は製品開発の考え方、総称である。この実現のためには図 3-1、3-5 で示した設計研究で培われた手法、ツールを用いる。DfX という考え方の元、**具体的な製品に対してこれらの手法、ツールをいかに組み合わせて効果的に活用**するかがポイントである。

(4) 個々の手法を組み合わせて DfX を実現する

　製品ライフサイクル、設計過程と DfX を具体化するための設計手法との関係[4]はすでに図 3-3 で紹介した。CAD、CAM、CAE、PDM といった従来型製品開発手法と、DSM、QFD、FMEA、LCA といった今まで設計とは違った目的で使用されていた手法を、DfX という一つの考え方の元、共通的に扱うことによって大きな効果が期待できる。実際には、設計の過程、目的とする製品ライフサイクルの項目に応じて最適な手法を適用する。

　次に CAE（シミュレーションによる性能評価）の新しい考え方として、FOA（First Order Analysis）を紹介する。これは計算機を用いたシミュレーションが全

盛の中、本当にそれで設計が上手くいくのかという疑問から、ミシガン大学の菊池教授が提案している考え方である[5]。菊池教授の示唆に富んだ FOA の考え方を以下に紹介する。

『ベテラン設計者はもちろん、若い設計者にも FOA を使って貰いたい。対象が複雑であればあるほど、使える機器が精密であればあるほど、アタリを上手くつけることができなければ、意味のないデータの山となる。多くの勘や経験を取り込みながらシステム化していきたい。FOA はそのためのものだ』

FOA 実現のポイントは、物理現象を損なわないでいかに簡略なモデルを作るかにある。「簡易すぎない簡易モデル」が目標であり、DfX における性能評価手法として重要な考え方である。

(5) DfX を上手く機能させるためのポイント

DfX が上手く機能するには二つのポイントがある。

一つは対象とする製品分野に応じて最適な手法を選択することである。図3-4で製品分野をその製品開発の特徴から形態別に分類した。このように製品ごとに開発規模、対象とする顧客が異なっている。したがって、製品開発を行うに当たっては、製品定義を明確にすることである。すなわち、

- 開発の戦略的目的
- 顧客構造と要求項目
- 製品差別化の焦点
- 開発優先項目の決定

を明確にすることが重要である。これを行うことにより、DfX 本来の効果が期待できる。

二つ目は、組織、マネージメントの問題である。いくら良いシステムを構築しても実際に使用するのは生身の人間であり、人間系が上手く機能する仕組みを構築する必要がある。実は、組織、マネージメントの最適化にも DSM などの DfX ツールが適用されているのは興味深い[6]。このことは、製品開発を効果的に行うには、従来の性能やコストだけでなく、組織論、プロジェクト管理、リスク管理などの考え方や手法も活用して、全体最適を考える必要のあることを示唆している。

(6) 上流設計の課題

　製品開発における上流設計の重要性と、上流設計を具体化するための考え方として DfX を紹介した。上流設計が重要であるとの認識は直感的に理解できるが、これを実現することが容易でないことは、図 4-1-2 に示したように、情報や知識が上流段階では不足していることからも理解できる。

　設計過程と設計情報の関係を**図 4-1-6** に示す。概念設計段階では、設計情報の多くは設計者の頭の中に曖昧な情報として存在する。その後、設計者間の協調を通して設計は具体化し、設計の情報もポンチ絵レベルや手計算レベルのものから、三次元 CAD（3D-CAD）や CAE へと詳細化していく。情報が 3D-CAD や CAE レベルまで具体化すると設計も詳細検討が可能となるが、その反面、設計自由度が少なく、設計の効果が減少してしまうというジレンマが発生する。DfX の考え方は、設計の上流段階で製品開発の焦点を論理的に定め、それ以降の製品開発の計画を立てるものであり、図 4-1-6 の**上流設計の設計者の頭の中にある曖昧な情報を、できるだけ早期にかつ正確に、設計者間で共有可能な情報に置き換える作業である**ということもいえる。

4.1.3　3つの手法を組み合せた DfX の具体例

　DfX 手法の具体的手法としてここでは QFD、FMEA、DSM について紹介する。設計のプロセスの中で、これらの手法がどのように用いられているかについて説明

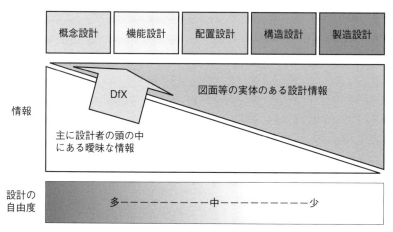

図 4-1-6　設計過程と設計情報の関係

する。

(1) QFD で VOC を機能に結びつける

　顧客の声を抽出し、定量化し、設計に結びつける手法が QFD[7] である。QFD は品質（Quality）、機能（Function）、展開（Deployment）の略で、顧客の声を製品開発の意思決定に反映することを目的としている。企画段階で顧客の声は測定可能な機能と関連付けられる。さらに、設計段階で、機能は部品に関連付けられる。このプロセスを経て、**顧客要求度から見た部品の重要度を評価できる**。同様に、生産管理、製造へと顧客の声が反映される。従来は曖昧であった顧客の声を価値で示すことによって、製品ライフサイクルを通して顧客要求を正確に伝えることができる。

　図 4-1-7 に QFD の適用例を示す。STEP1：企画では、顧客の声と機能の関連付けを行う。ここでは、お互いに関連が深い項目を◎、関連がある項目を○、関連が若干ある項目を△で表記している。これ以外にも数値で表現する場合もある。また、顧客の声の重要度は一様ではないので重み付けを行っている。STEP1 から各機能の優先順位が定量的に把握できる。次に、STEP2：設計では機能と部品の関連付けを STEP2 と同様にして行う。以下、STEP3：生産管理で部品と製造方法の関連付けを行う。さらに、出荷、組立調整、サービス、保守、回収、再生と展開することも可能で、最終的には再生から顧客の声へと戻る。このように、QFD の利点は顧客の声を製品開発の各フェーズの意思決定に反映できる点にある。

　QFD を実際に使用する際の問題は、顧客の声、機能、部品の各項目をどのように選ぶかである。これに対しては確たる方法があるわけではなく、基本的には設計者の技量に任されている。一つの方法を **図 4-1-8** に示す。ここでは顧客の声を起点に、機能、部品との関連付けをマップ上に表記している。これにより、自由に項目の選定が行えるとともに、お互いの関連付けも試行錯誤で行うことができる。ここで部品とはハードウェアだけでなく、ソフトウェア、サービス等も含むことに注目する必要がある。ただ、図 4-1-8 の各項目をどう選ぶかに関しても、やはり設計者の技量によるところが大きい。

　QFD は手法としての単純さから、多くの設計者が使った経験があると思うが、その効果に対して疑問を抱く設計者も多いのではないだろうか。QFD 自身が目新しい解を提示してくれるわけではなく、自分の頭の中を整理する手法、プロジェク

第4章 具体的にどんな設計手法がどう役立つか

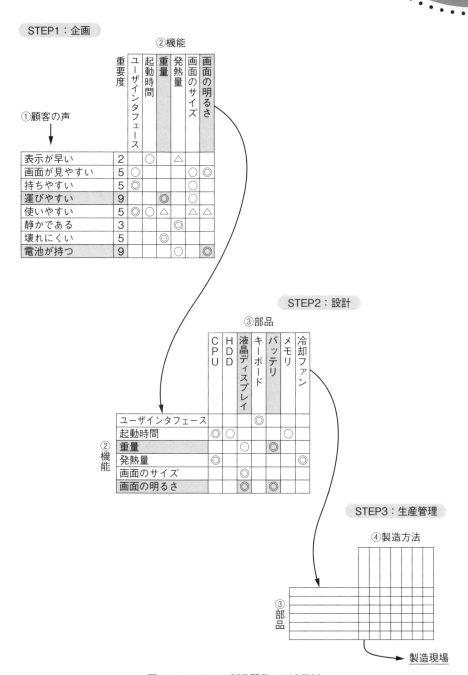

図 4-1-7　QFD の製品開発への適用例

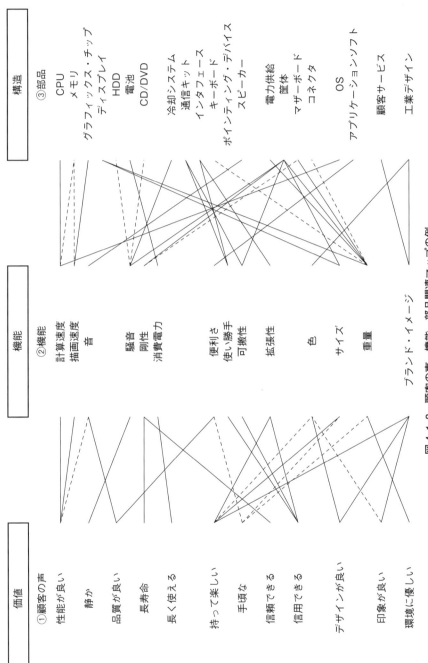

図4-1-8 顧客の声、機能、部品関連マップの例

トメンバー間での情報の可視化手法と考えるべきである。設計プロセスが QFD を通して明らかになることによって、設計者の判断を効率的、かつ、正確に行うことができる。

(2) FMEA で考えうるリスクに対拠

FMEA はもともと、設計や工程計画の構想段階で、起こるであろう問題の原因を事前に予測して、問題を未然に防止する管理手法で、故障モード影響解析と訳されている。ここでは、製品開発の各段階で発生が予測されるリスクを抽出、定量化し、対策後のリスク低減を確認する手法として FMEA を考える。FMEA には次の3つの機能がある。

- 何が悪いのか、
- 何が原因か、
- どうしたら改善できるのか

FMEA の手順を図 4-1-9 に示す。まず、故障モード、原因、影響を特定する。次に、発生頻度（O）、発生した場合の深刻度（S）、予測困難度（D）の積でリスクを定量化する（場合に応じて、これら3項目の内、1項目ないしは2項目を用いる場合もある）。高いリスク項目に関して、設計／プロセスの改善を行い、改善後のリスクを定量化し、十分にリスクが低減してことを確認する。

FMEA の適用例を図 4-1-10 に示す。FMEA ではまず問題点を抽出することから始まる。これは QFD の項目抽出と同様、万能な方法があるわけでなく設計者が

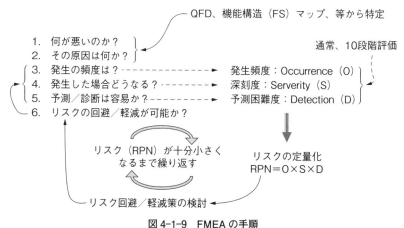

図 4-1-9　FMEA の手順

どれだけ対象としている設計課題を理解しているかに依存する。問題点抽出の例としては、図4-1-8のようなマップ、この場合は、機能（Function）と構造（Structure）の関係を表すFSマップが活用できる。抽出された項目ごとに、発生頻度、深刻度、予測困難度を数値化する。

図4-1-10の例では最大値を10としているが特にこの値に意味があるわけではなく適宜定義すればよい。発生頻度（O）、深刻度（S）、予測困難度（D）の数値からリスクがRPN＝O×S×Dで求めることができる。ここで重要なのは**リスクをどこまで許容するか目標値を決めることである**。この例ではリスクの目標値を500以下としているため、得られたリスク値1000は許容できない。したがって、対策を講じる必要がある。対策に当たっては、発生頻度、深刻度、予測困難度の各項目が数値化されているので具体的に検討することができる。そして、対策後のリスクも同様に算出する。対策はリスク値が許容値以下になるまで繰り返す。図4-1-10の例は一項目のみ示しているが、実際のリスクは複数項目存在するため、各項目に関して同様の手順を行い、総合的にリスクを評価する。

FMEA適用の重要な点は発生の予想されるリスクを漏れなく抽出することであり、このためには現象論的に対象とする製品を理解するとともに、使用状況の予測等、柔軟な思考が要求される。

(3) DSMで複雑なプロセスを可視化

設計の大規模化、市場への新商品投入のスピードアップ、コスト競争の厳しさなど、製品開発を取り巻く状況の変化に対応するために、全体最適化の視点から、工程や組織を抜本的に改革する必要がある。設計情報の流れを可視化して、効率的な工程、組織をシステマチックに設計する手法として、DSM（Design Structure Matrix）[8][9][10]がある。DSMは、マトリクス表現に基づく、工程・組織設計のための新しい手法である。1990年代初め頃から、主に、米国・マサチューセッツ工科大学（MIT）のSteven D. Eppinger教授らを中心として研究され、自動車業界や半導体業界などで徐々に広まってきた。後戻りや反復作業も含めて、複雑なプロセスの構造を簡潔に表現できるという特徴がある。

図4-1-11に示すようにDSMの縦軸と横軸にはプロジェクトを構成する一連のタスク（作業）が並べられ、マトリクス上のマーク（記号、数字、など）は、タスク間に何らかの依存関係が存在することを示している。DSM上の（X）はタスク

具体的にどんな設計手法がどう役立つか

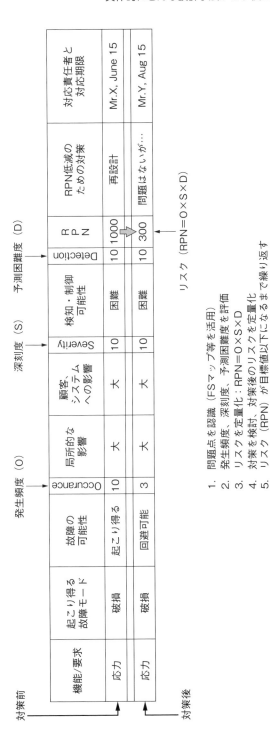

図 4-1-10　FMEA の適用例

			A	B	C	D	E	F	G	H	I	J	K	L	M	N
↓		要求仕様の決定	A	A													
		コンセプト生成／選択	B	X	B												
タ		試験計画の作成	C	X	X	C		X									
ス		製造装置の手配・購入	D			X	D				X				X		
ク		試作モジュールの設計	E	X	X			E									
の		試作モジュールの製作	F					X	F								
順		試作モジュールの試験	G			X		X	X	G							
番		製品モジュールの設計	H	X	X			X		X	H		X		X		
（想		製品モジュールの検証	I			X						I		X			
定）		型設計	J	X	X					X	X		J		X		
		型の製作	K										X	K			
↓		型の手直し・修正	L							X			X	X	L		
		組立用工具の設計	M								X		X			M	
		量産開始	N				X					X			X		N

図 4-1-11　DSM におけるタスク間の依存関係

間に依存関係があることを示す。図ではタスク E は、タスク A とタスク B の情報に依存し、タスク C、タスク F、タスク G、タスク H に情報を提供する。DSM の縦軸において、上から下への並び順が、実際にタスクを実行する順番と完全に一致していると仮定する。そのとき、マトリクス上の対角線の下側（下三角部分）にあるマークは、前工程から後工程への情報の流れを示しており、フィードフォワードと呼ばれる。一方、対角線の上側（上三角部分）にあるマークは、後工程から前工程への逆方向の情報の流れを示しており、フィードバックと呼ばれる。

　DSM に基づくプロセス分析の強力な手法として、パーティショニングがある。これは、DSM の上三角部分にあるマークを減らす、または、なるべく対角線に近づけるように、DSM の行および列の順序を入れ替える処理である。**図 4-1-12** に示すようにパーティショニングを実行した結果、ブロックの大きさは常に最小となることが保証されている。図では、パーティショニング後も、タスク H、タスク J、タスク M が相互依存関係にあることを示している。パーティショニングのアルゴリズムには、パス探索による方法、隣接行列のべき乗による方法、グラフ理論による方法など、さまざまな方法がある。

　以上、DSM の基本的機能について述べたが、その応用範囲は広く、スケジューリング、組織の最適化、製品ライフサイクル設計、等に適用され効果を上げている。

			A	B	E	F	C	G	H	J	M	D	K	L	I	N
↓ タスクの並び替え ↓	要求仕様の決定	A	A													
	コンセプト生成／選択	B	X	B												
	試作モジュールの設計	E	X	X	E											
	試作モジュールの製作	F			X	F										
	試験計画の作成	C	X	X	X		C									
	試作モジュールの試験	G			X	X	X	G								
	製品モジュールの設計	H	X	X	X			X	H	X	X					
	型設計	J	X	X				X	X	J	X					
	組立用工具の設計	M							X	X	M					
	製造装置の手配・購入	D					X		X			D				
	型の製作	K								X			K			
	型の手直し・修正	L							X	X			X	L		
	製品モジュールの検証	I					X						X		I	
	量産開始	N										X		X	X	N

図4-1-12　パーティショニングの実行例

4.2 価値評価のための設計手法

　製品開発において、コスト低減は企業にとって重要なことである。しかしながら、コスト低減にも限界があり、過度なコスト低減は品質の劣化、リスクの増大を招く可能性をはらんでいる。一方で、製品開発のもう一つの目標は製品価値をどう高めるかである。製品価値は顧客が対象とする製品を見てどう感じるかということで、性能はいうまでもなく、使い勝手、手に取ったときの感触、など総合的に評価される。ここでは、価値を評価するための重要な要素である感性設計について紹介する。

4.2.1　感性設計で顧客の心にインパクトを残す製品をつくる

　20世紀後半は大量生産に代表されるように、設計の効率化という意味で非常に重要な時代であった。これを実現するための設計支援技術としてCAD/CAEをベースとした個別対応型の設計ツールから、PLMなど統合型の環境まで実用の域に達している。しかしながら、製品開発環境が同質化することにより、各社とも製品としての有意差が減少し、結果として価格競争へと巻き込まれていった。一方で、オイルショック、環境問題、顧客ニーズの多様化に伴い、製品開発のやり方も大きく変貌しようとしている。すなわち、設計も"効率"優先から、"効果"を優先させる方向に変わりつつある。このためには、設計を質的かつ戦略的に行うための考え方・手法が必要となる。この一つとして感性設計がある。

感性という言葉自体必ずしも定義が明確でないため、感性設計という言葉に関してはここで定義する必要がある。広辞苑によると「感性」とは「外界の刺激に応じて感覚・知覚を生ずる感覚器官の感受性。感覚によってよび起され、それに支配される体験内容。したがって、感覚に伴う感情や衝動・欲望を含む。理性・意志によって制御されるべき感覚的欲望。思惟の素材となる感覚的認識」とある。すなわち、感性とはITでは伝えることのできない感情、感覚の総称ということもできる。そこで、「感性設計」とは「感情的にインパクトを受ける製品を開発するための設計」と定義する。所有しているだけで心が癒される製品、持つ喜びを与える製品をつくるための設計と言うこともできる。ここでは、日本人と感性の結びつき、従来の設計と感性設計の関係、感性設計を支援する技術について述べる。

4.2.2　日本人の感性を強みととらえる

　「感性」という言葉は適切な英語の訳がなく、そのまま、KANSEIと訳されていることからもわかるように日本人固有の概念である。各国にはその歴史的背景から製品開発においてもそれぞれ特徴がある。歴史があり、各国間の交流の強いヨーロッパでは、自然とエコ的な考えが生まれてくる。一方で米国の場合、合理性が最優先する。それでは日本の特徴とは何であろう。それはきめ細かさではないだろうか。日本料理の繊細さ、木工品の嵌め合い、等々欧米にはないものである。これらは欧米の人間にとっても良さは理解できるがそれらがなくても生きていける種類のものである。したがって、これらは彼らにとっていわゆる価値としては重要ではない。

　一方、日本人の場合には、例えば、車のドアがコンマ何mm単位でもずれていると気持ちが悪いのである。以前、スイスで時計を購入する機会があったが、彼らは平気で店頭品を直接お客に渡す。在庫はないかといっても怪訝な顔をする。店頭品で動いていることが確実なほうがいいではないかということであろう。アンティークが珍重される西欧の考え方でもあろう。でも、やはり日本人は誰も触っていない商品を欲しがる。これが感性である。良い悪いの問題ではない。すなわち、日本人にとって感性は価値のあるものであり、今後、欧米人にとっても価値を持ってくるものの一つと考える。すなわち、日本のものづくりが欧米と差別化できるものとして感性を捉えることが非常に重要である。

4.2.3　価値＝価格なのか？[1]

　日本で価値というと Value を指す場合が多い。しかしながら、この場合、価値＝機能／コストと定義されることが多く、価値自体が独立変数とはなっていない。いわゆるコストパフォーマンスである。価値イコール値頃感といった印象が強い。設計問題を考えるときに独立変数でないものを導入することは望ましくない。そこで、ここでは価値として絶対価値（Worth）を考え、以下単にこれを価値と呼ぶことにする。すなわち、**価値はコストとは関係なく、消費者から見た場合、対象となる製品に対価をいくら支払うかということであり、簡単に言えば価格（Price）が結果的に価値を表現しているとも言える**。また、価格が時間と場所の関数であることから感性と何らかの関連があることが想像できる。ただ、価値が価格と等価であることは事実としても価格はあくまでも結果である。設計で価値を評価するためには何らかの手段・方法・考え方で価値を定義する必要がある。しかしながら、価値を定義する試みはあまり見られず、ここでは一つの提案として価値の定義を行う。

　一般に製品は部品の集合体として考えることができるが、部品単体の価値だけで全体の価値が決まるわけではなく、部品の組み合わせの妙が価値に影響する。ここに、部品の価値を Wi、組み合わせに伴う（ゲシュタルト原理に基づく）価値を Wa とすると、全体の価値は大きく下記の 2 ケースで定義できるのではないだろうか。

　　Case 1：$W = [\Sigma W_i \times W_a]^{1/2}$

　　Case 2：$W = \Sigma W_i + W_a$

　Case1 は組み合わせの価値が全体の価値に直結する場合で、Case2 は部品の価値と組み合わせの価値が線形和となる場合である。Case2 の場合には組み合わせの価値が多くの部品の中の一つの部品と同様に扱われるのに対し、Case1 の場合には組み合わせの価値が全体の価値を直接左右する。一概に言うことはできないが、情報機器は Case1、自動車は Case2 と考えることができる。情報機器の場合、コンセプト提案型製品であり全体イメージ（組み合わせの価値）が支配的であるのに対し、自動車の場合はある程度カテゴライズされており、情報機器に比べて相対的に機能性（部品レベルの性能）に重点が置かれている。

　次に、価値自体をどう定義するかという問題がある。一般に、価値は機能に比例すると考えられているが、いわゆる機能が高いものが必ずしも高い価格で売られていないことを考えると、そう簡単ではないようである。

価値＝F（機能、感性）

と考えるべきであろう。この式では機能と感性は独立変数になっているが、感性を優先させるために機能を限定することもあり、実際はさらに複雑である。

4.2.4　コストを上げずに価値を高める

　製品は一般に機能（性能）とコストのトレードオフとなる。すなわち、人は性能の高いものを求めるが、そうなるとコストが上がり、購入意欲を削ぐ。その逆も同様である。一方で、感性は性能、コストとは違う軸にある。製品開発における第3の軸と言ってもいい。また、感性は時間、場所、人、等の関数である。例えば、Aさんは非常な自動車マニアであったが、数年海外で暮らし、帰ってきたら「車は単なる手段」と、反マニアになってしまった。環境が人の感性を変える（この場合は、Aさんにとって、自動車を感性製品から機能製品へと変化）こともある。従来の性能優先設計は性能を上げるために必然的にコストが増加し、最終的には性能対コストのトレードオフ問題に帰着する。したがって、そこには過当な競争が生じ、創造的な製品が生まれる可能性は低い。したがって、コストとはあまり関係ない領域で製品の価値（Worth：絶対価値）を高めることが望ましい。**感性は一般的にはコストとは直接的には関係のない因子**であり、したがって、上述のコストにあまり依存しない領域での価値の向上が可能である。実際には結果的に感性設計の内容によって、コストの増減はあるが、機能設計のように性能を上げると必然的にコストが上がることはない。そこで感性を上手く設計に取り込むことにより、製品の絶対価値を高める設計を感性設計と定義する。

　図 4-2-1 に価値、コストと機能（性能）設計と感性設計の関係を示す。この関係を具体例で説明する。**図 4-2-2** は日本のプロ野球チーム 12 球団の価値とコストの関係を示したものである。ここに、価値は顧客の期待度と考え観客動員数を、コストは球団が選手に支払った年俸を取っている。このように非常に簡単な評価であるが、大方の球団が同一ライン上（機能設計における最適解に相当）にあることが分る。すなわち、人気のある選手を集めれば、コストはかかるが、それなりに集客能力もあるし、コストの掛からない選手を集めれば、それなりの集客になり、結局、コストと価値はトレードオフ関係にある。ただ、ここで興味深いのは同一ライン上から外れたチームが数球団あることである。一つは、悪い方向に外れた一球団である。これは、選手への年俸が多いわりに、集客の努力が足りないと予想される。一

第4章 具体的にどんな設計手法がどう役立つか

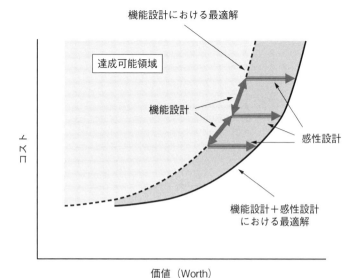

図 4-2-1　価値、コストと機能設計、感性設計の関係

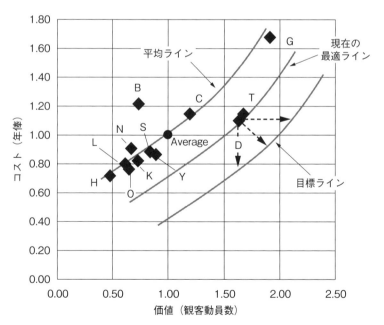

図 4-2-2　日本のプロ野球チームの価値とコストの関係

方、これとは逆に良い方向に外れた二球団がある。年俸もそれなりに多いが、それ以上に集客の努力が伺われる。集客を高めるための努力がいわゆる価値向上となる。これは、選手の年俸とは別の軸にある。このように、実際の製品設計に限らず、図4-2-2のような例、人生設計、研究テーマの設計、等々、何でもいいので価値とコストの切り口で整理してみると何かが見えてくるのではないだろうか。

4.2.5　感性を含めた広義の価値を高める設計

　機能（性能）設計と感性設計は明確に切り分けられるものでもなく、製品分野によってもそのバランスは異なる。図4-2-3 に代表的な製品分野の機能（性能）設計と感性設計のバランスを模式的に示す。機能優先の半導体、機能と感性のバランスが必要とされる自動車、感性商品の代表である携帯機器と分けられる。図4-2-4に携帯機器の一つであるノートPCの変遷を示す。1980年代中旬にラップトップPCとして可搬可能なPCとして登場したが、その後の半導体の急速な進歩（高性能化、高密度化、低消費電力化）、2次電池の高性能化、記録媒体の高性能化、多様化により、現在の携帯情報機器へと発展を遂げている。一方で、各社特にこれといった特徴もなく機能性能的にはある種の壁に当たっている。携帯情報機器は潜在的に未知の可能性を秘めており、ユーザーの感性をくすぐる製品が待ち望まれてい

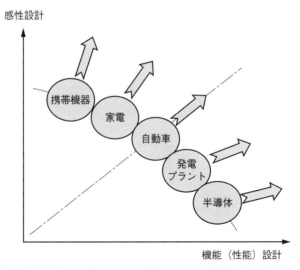

図 4-2-3　代表的製品分野の機能設計と感性設計のバランス

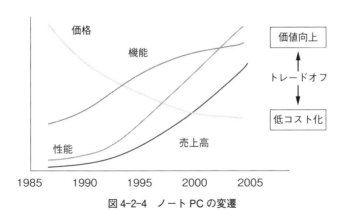

図 4-2-4　ノート PC の変遷

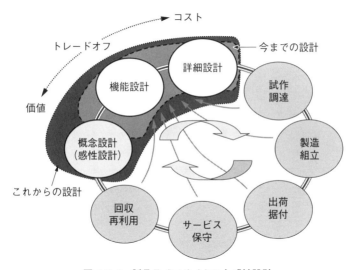

図 4-2-5　製品ライフサイクルと感性設計

る製品分野の一つである。その意味で感性設計の最も必要な分野の一つである。

製品設計を行うには製品ライフサイクル全体を通して考える必要があり、**図 4-2-5** に示すように従来の機能設計を中心とした設計から、感性設計も取り込んだ設計を行い、そのうえで価値とコストのトレードオフから最適設計解を求めることが重要である。図 4-2-5 に示した感性設計、機能設計、詳細設計を行うには、対象となる製品の価値、機能、構造を明確にし、これらの関係を調べる必要がある。図 4-1-8 で示した顧客の声（価値）、機能、部品（構造）関連マップがこれに相当する。価値、機能、構造には多くの項目があり、これらが複雑に関係しあっているのがわ

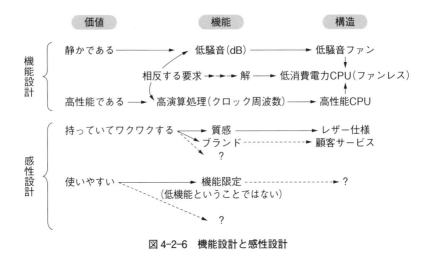

図 4-2-6　機能設計と感性設計

かる。これら項目の抽出方法、関係付けについては次節で紹介する。

　図 4-2-6 で機能設計と感性設計の違いについて説明する。例えば、静かである、高性能であるといった価値は、機能としてはそれぞれ騒音値、クロック周波数といった明確な物理量に対応付けられる。これを元に構造（詳細）設計を行う。この場合、低騒音化と高性能化は相反するものであり、一つの解として、CPU を低消費電力化してファンをなくし、騒音源そのものをなくしてしまう設計を採用した。一方、持っていてワクワクするとか使いやすいといった価値はユーザにとって非常に重要であるにもかかわらず、これを機能に展開することは容易ではない。**持っていてワクワクするという価値は質感、ブランドといったものに展開できるがこれがすべてではなく、対象となる人、時期、地域によって異なる**。機能を構造に展開する際にはさらにその多様性が表面化する。このように、機能設計が価値→機能→構造へと比較的ユニークにマッピングできる（機能設計もそう単純ではないが感性設計に比べて）のに対し、感性設計の場合は価値→機能→構造への展開が複雑であることがわかる。この複雑なプロセスを解明しようという試みが感性工学とも言える。

4.2.6　感性設計の PDCA を考える

　重い／軽い、小さい／大きい、静か／うるさい　といった設計パラメータを単に重量、サイズ、騒音値だけから見るのではなく、人間から見ていくら軽いとどれだけいいのか、いくら重いとどれだけ悪いのか、小さくても大きくても使いにくそう

表 4-2-1 感性設計支援技術

感性設計プロセス	支援技術
計画 (Plan)	(感性設計の手順の設計)
アイデア創出 (Do)	創発、ブレーンストーミング、KJ 法
検討評価 (Check)	クラスタリング、SD 法、QFD
決定 (Act)	(要素間の相対評価、全体としての評価)

だが、どの程度の大きさだと使いやすいのか、静かだと本当にいいのか、うるさいというけどどの程度うるさいとどうなのかを定量的に評価し、設計に反映することが感性設計である。このためには一般に**表 4-2-1** の手順を経る。設計をどう行うかを考える計画 (Plan)、実際にアイデア創出を行う (Do)、創出されたアイデアを評価検討する (Check)、評価検討された結果から案を決定する (Act) からなる。感性設計のための支援技術が存在するわけではなく、設計技術に共通的なもので目的 (この場合は感性設計) に応じて使い分け、組み合わせて使用する。実際には、計画 (Plan)、決定 (Act) は人間が決めるべきものであり、アイデア創出 (Do)、検討評価 (Check) に関する部分を支援するいくつかの技術が存在する。

アイデア創出に適用可能なものとして、創発、ブレーンストーミング、KJ 法がある。これらは互いに競合するものではなく補完的な関係にある。ブレーンストーミングは複数の設計者がお互いに自由にアイデアを出し合い、発想の違いをうまく利用して新たな発想につなげる集団思考型の発想法である。創発は例えば、ブレーンストーミングで一人一人の発想の単純和を超えたまったく新しい発想が生まれるプロセスをさす。この場合には、どういうメンバーを選定するか、どのような手順でアイデアを出し合うかがポイントとなる。KJ 法は出されたアイデア、発想をグルーピングすることにより、全体の見通しを良くし、その作業の中で解決策、新たな発想を生み出していく手法である。

検討評価に適用可能なものとして、クラスタリング、SD 法、QFD がある。クラスタリングは特徴空間中で距離が近いデータをまとめてグループ化する手法で、KJ 法に似ているが KJ 法が人間系の作業であるのに対し、クラスタリングは計算機上でのデータ処理となる。クラスタリング手法の一つとして自己組織化マップ (SOM) を用いた方法がある。SD 法は「好き—嫌い」等の反対語からなる評価尺度を多数用いて対象案の評価を行う。評価尺度をどう選ぶか、被験者をどう選ぶか

によって結果が左右される。QFD は顧客要求を設計仕様にマッピングする手法で、発想を具体化するのに有効な手段である。

4.2.7　感性設計の例としての「音のデザイン」を見てみよう[2]

　感性設計の例として、「音のデザイン」を紹介する。音といっても種類がある。携帯電話の着信音、電車の出発音はある機能を実現するための音である。一方で、クリーナー、ランドリー、自動車などが発生する音はある別の機能を付加した結果として発生する音である。ここでは、後者の音について考える。

　音の大きさは音圧で表現される。一般に音圧は小さい方が望ましいが小さければいいかというと一概にそうとも言えない。最近の車は音が小さくなって、エンジンをかけてもかかったかどうかわからず、再度、エンジンキーをまわしてしまうことが多い。また、電気自動車の場合、音がしないため歩行者が気付かないという問題もある。音と振動は一緒に考えられる場合が多いが、振動はその大きさが機器構造物の強度信頼性に直に結び付くため、小さい方がいいが、音の場合はより感性的な面を考慮する必要がある。

　図 4-2-7 に「音のデザイン」を行うための手順を示す。機器から発生する音は音圧として空気中を伝播、耳を通して脳で音として認知される。音圧は単に物理的に定義された量であるが、音は人の感性情報を含んだものであり、したがって、音圧と音はイコールではない。**音質評価とは、音圧情報をもとに、人が感じた音を数学的に表現する過程である。**音質評価法は完全に確立されているわけではないが、**音響心理学**[3]の成果として、これを具体化したソフトウェアも販売されている。一般に、音質はラウドネス（人が感じた音の大きさ）、シャープネス（音の鋭さ、甲高さ）、ラフネス（粗さ感、ざらざら感）、変動強度（変動感、ふらつき感）、トナリティ（純音感）などで表現される。ただし、これらは絶対的なものではなく、経験的にこのように定義が可能ということである。

　一方、人は音を心地良く感じたり、不快に感じたりする。**この人の音の感じ方を調べるのが官能評価である。**一般には、実際に音を被験者に聞かせて、ヒアリング、アンケート（SD 法など）をとり、結果を分析する。SD 法の結果を主成分分析し、特徴を抽出する手法が一般的である。これらの結果から、この製品にはこういう音にするという判断を行う。この音を具体化するためには、官能評価の結果を音質に写像（実際、これは難しく、現状では設計者の技量によっている）し、目標とする

第4章 具体的にどんな設計手法がどう役立つか

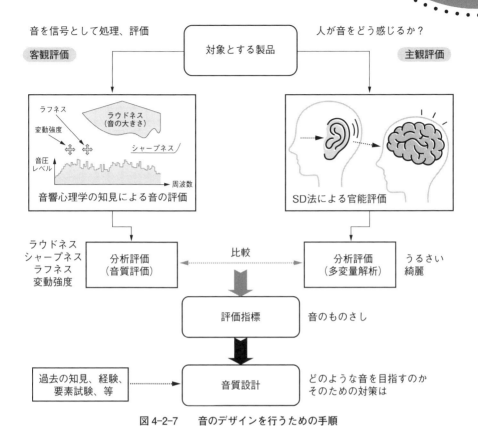

図4-2-7　音のデザインを行うための手順

音質が定義できる。次に、音質を具体化するように機器の製品設計を行う。

　例えば、自動車のドア、冷蔵庫のドアを考えてみよう。官能評価の結果、ドアの開け閉めの際の重厚な音が高級なイメージを与えることがわかっている。そこで、実際にそのようなドアの音データを音質評価することにより、重厚な音の音質が定義できる。最終的には音質を具体化するように製品設計を行う。ここで重要なことは、重厚な音は高級自動車を差別化するものであり、自動車自体の機能を向上させるものではないということである。すでに述べたように全体のバランスを見て、全体の価値を向上させる場合にのみ、付加される種類のものである。このように、感性設計によって付加された価値は一般にはコストとは比例関係にない。したがって、感性設計を導入することによって、コストを抑えたまま、価格を上げることが可能となる。コストダウンにより、価格を下げるのとは対極の関係にある。感性設計の難しさは対象とする相手が生身の人間であるということである。

4.2.8 感性設計の今後

1960年代までは勘と経験による設計が主体で、その意味で自ずと感性設計がなされていたように思う。その後、設計手法の発達により設計が形式知化されていった。これが大量消費大量生産を実現した。しかしながら、21世紀を迎えた現在、その弊害が出始めている。20世紀後半に確立された設計技術を踏襲するだけでなく、旧来から存在した感性設計を新たに工学として見直すことにより、人の琴線に触れ、さらに、人に優しく、自然にも優しい製品を生み出す真の設計技術が見えてくると確信する。

また、最近、独創的な製品開発が少なくなってきている背景には、マーケットインという言葉に各社踊らされていることと無関係ではない。マーケットインは通常は、「企業が商品開発・生産・販売活動を行ううえで、商品・サービスといった購買者のニーズを優先し、ユーザー視点で商品開発を行い、ユーザーが求めているものを求めている数量だけ提供していこうという経営姿勢。"売れるものだけを作り提供する方法"」と定義される。これは裏を返せば、各社同じ土俵で同じようなマーケッティングをすることにもつながり、結果として各社同じような製品が量産される。最近、ある製品の官能評価を実施したが、見事に国産製品はあるばらつきの範囲に、外国製品は各社固有の位置づけにあることが数値的に出てきた。どちらが良いとか悪いとか言う話ではないが、すでに述べたように日本人は本来、感性が豊かで個性的、独創的製品開発に向いているはずなのに、不思議な現状である。あまりに欧米の考えに振舞わされた結果なのではないだろうか。自分なりの考えに則った真の意味でのプロダクトアウトを自信持って実行することが大事である。

4.3 機能評価のための設計手法

機能を評価するためには、**機能を定量化し、複数の設計解から最適な解を選定する必要がある。この際、最適化手法が有益な設計手法となる。**

ここで、話をわかりやすくするために、交通機関を例にとって説明する。設計解（交通手段）として、飛行機、船、新幹線、普通電車、バスを考える。評価指標として、コスト、時間（移動に要する時間）、旅の楽しさを考える。時間を横軸に、コストを縦軸にとると、**図4-3-1** のようになる。すなわち、時間を優先するのであれば、飛行機、コストを優先させるのであればバス、時間とコストを両立させるのであれば新幹線ということになり、船、電車は俎上には上がらない。一方、旅の

第4章 具体的にどんな設計手法がどう役立つか

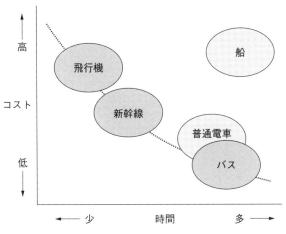

図 4-3-1 "時間"を優先した交通機関の評価

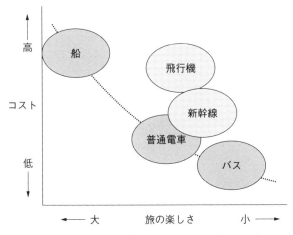

図 4-3-2 "旅の楽しさ"を優先した交通機関の評価

楽しさを横軸に、コストを縦軸にとると、**図 4-3-2** のようになる。すなわち、旅の楽しさをとるのであれば船、コストを優先させるのであればバス、旅の楽しさとコストを両立させるのであれば電車ということになり、飛行機、新幹線は対象外となる。このように、コスト、時間（移動に要する時間）、旅の楽しさの3要素を満足する設計解（交通手段）を、飛行機、船、新幹線、電車、バスから選択するのは容易ではない。この場合、一応、バスが最適解のように見えるが、実際には、利用者（設計者）が財布と時間と相談しつつ、かつ、旅の楽しさを満喫できる解を選択

する。また、すべてを満足する解は、結局、可もなく不可もなくで、結果的に不満が残ることも我々は経験的に知っている。このような場合、今回の旅は、コストは無視しようと決断すると、良い結果が得られる。

　設計に最適化手法を適用するのも、上記の例と同じである。しかしながら、最適化手法が解を決めてくれるわけではない。設計者が目的関数（上記の例では、コスト、時間、旅の楽しさ）を決め、これを実現するための製品を構成する設計パラメータの定義、および、設計パラメータと目的関数の関係を表現する必要がある。これらが定義できたうえで、最適化手法が最適と思われる設計解群（パレート解）を提示してくれる。上記の例の飛行機、船、新幹線、電車、バスは設計解を明示的に表記したものであり、必ずしも最適設計解群（パレート解）である保証はない。設計者は最適設計解群（パレート解）から総合的に判断して、設計解を選択する。

　以下、最適化手法の設計への適用について紹介する。

4.3.1　機能評価のための最適化手法

　設計という活動は、その使用目的を実現するための機能や構造を具体化・詳細化して決定していくことにほかならない。また、設計を行う人や組織は、ある決められた有限の時間内にその作業を終えなければならない。

　設計活動の結果は、一般的には製造に必要な情報（例えば、機械図面や、製品構成を含む3D-CADのアウトプット）を指す。さらに、新規の製品や技術の開発を含む場合には、どのように設計を進めていけばよいかがわからない場合もありうるので、設計プロセスを開発することも設計活動の一部に含まれると考えられる。

　このような設計活動を支援する手法という観点から、最適化とそれに関連する手法を取り上げ、製品を設計する過程のいくつかの局面で適用した例とともに紹介する。

4.3.2　より良い設計解を得るための最適化手法

　製品設計は、設計仕様、使用される環境条件、規格や法規などの満足すべき設計条件の下で、新しい機能の実現、製品性能の向上やコストの低減化などを目的とし、定められた開発期間内に完了すべく行われる。設計は、一般には、それが進捗していくに従ってより詳細化、具体化され、例えば形状や材料のような設計パラメータとその値を決定していく一連のプロセスとなる。すなわち、設計することは、もの

ごとを決定していることにほかならないので、設計は意思決定のプロセスであると言える。このとき、**最終目的に向けてなされる意思決定が何らかの意味で合理的に行われることが望ましく、これを支援する手法の一つが最適化手法である**。このような設計プロセスにおいて最適化が行われたとすると、Paul と Beitz の設計方法論[1]が示す内容のとおり、設計解（上記設計プロセスの出力）がその目的と制約条件（タスクに特有な制約条件と一般的な制約条件）によって決まることになる。

最終的に製品が設計されたとすると、それは設計変数が張る多次元空間内の１点として表現される。従来、最適設計という場合には、このような何らかの目的を達成するために一番良い解を得る（１点を求める）ことだけに関心が向けられていた感がある。

しかしながら、実際に設計し、意思決定する局面では、最適解が空間内に１点だけ存在するというだけでは不十分で、なぜそれが最適であるかという裏付けを理解することが非常に重要となる。また、それ以前に、与えられた設計条件を満足する解が見つからない場合にもしばしば遭遇する。このような局面における設計支援方法については、後述する。

4.3.3 最適解とはどんなものか

ここでは、主として機械工学に関連する設計問題を念頭において、最適化問題と最適化手法について概説する。詳細については、専門書を参照されたい[1][2]。

(1) 最適化問題の分類

最適化問題は、その構成要件に応じて分類することができる。

- 目的関数の個数：１個（単一目的）／複数個（多目的）
- 制約条件の有無：制約条件なし／制約条件あり
- 設計変数・制約条件・目的関数の連続性：連続／離散／混合
- 線形性：線形／非線形

なお、制約条件で、設計変数の上下限値による制約条件を特に側面制約条件という場合がある。整数計画法や組合せ最適化問題は、ここでは、離散問題の中に含める。

一般に、工学的な設計問題は、制約条件がある非線形の問題が多い。また、目的関数として、ある状態量（例えば、部材応力）の最大値を最小化する（または、最

小値を最大化する）ことを考える場合もしばしばあり、このような問題はミニ・マックス型（または、マックス・ミニ型）の問題と呼ばれる。

（2）全体最適なのか個別最適なのか

　ある解の目的関数の値が、その近傍のどれよりも良い評価値を持つ場合を、"局所的最適解"という。ある解の目的関数の値が、実行可能解全体（すべての制約条件を満足する設計変数の領域または集合）の中で最も良い評価値を持つ場合を、"大域的最適解"という。図 4-3-3 に、単一目的の最適化（この例では最小化）の場合の例を示す。目的関数が大域的最適解以外に局所的最適解を持つ場合を多峰性といい、持たない場合を単峰性という。連続関数の場合は、極値（極大値または極小値）が最適解の候補となる。また、制約条件がある場合は、図 4-3-4 に示すように、ある制約条件が活性となる端点も最適解の候補となる。

　多目的の場合は、解の概念が単一目的の場合と異なり、ある目的関数の値を改善するためには少なくとも一つの他の目的関数の値を改悪しなければならない解の集合を求めることになる。これをパレート（Pareto）最適解（図 4-3-5）と言う。通常は、このパレート最適解の中から意思決定者の価値判断に基づいて最終的な解が選択される。これをトレードオフ分析と言う。

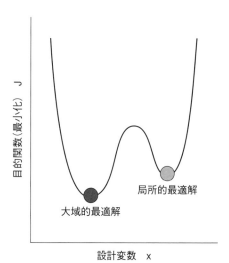

図 4-3-3　大域的最適解と局所的最適解

(3) 最適化手法の分類

最適化問題を解く場合、多くの場合はコンピュータを用いた最適化手法（探索アルゴリズム）によって解を得ることになる。これらは、次のように分類できる。

- 厳密アルゴリズム
- 数理計画法［線形計画法（LP）、非線形計画法（NLP）など］
- 動的計画法（DP）
- 分枝限定法（BB法）など
- 似アルゴリズム（発見的手法）
- ランダムサーチ、モンテカルロ法
- シミュレーテッド・アニーリング法（焼なまし法）（SA）
- 遺伝的アルゴリズム（GA）

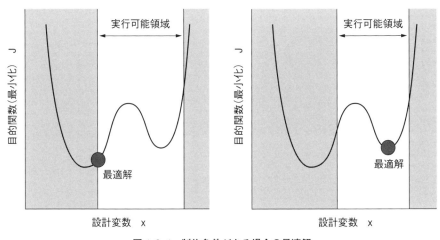

図 4-3-4　制約条件がある場合の最適解

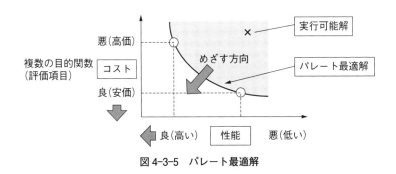

図 4-3-5　パレート最適解

- タブーサーチ（TS）など

また、いくつかの手法を組み合わせた手法も用いられている。

別の分類方法として、単一目的最適化を対象としたものか、多目的最適化を対象としたものかという分け方がある。

多くの最適化手法は単一目的の局所的最適解を求めるアルゴリズムであり、大域的最適解を求めるために他の工夫が必要である。また、組合せ最適化問題では、NP困難（解を得るまでの計算時間が多項式時間では実行できない）となる場合が多い。これらの問題や、多目的最適化問題に対して、近年、発見的手法の適用が注目されている（例えば、多目的GA[3]など）。

制約条件がある場合については、その存在を考慮してアルゴリズムが作られているものとそうでないものとがある。後者の場合、ペナルティ関数法を用いて制約条件による影響を取り込むことがしばしば行われる。

4.3.4 最適化問題の構成

(1) パラメータ最適化とトポロジー最適化

設計問題では、単なるパラメータの最適化（**図4-3-6**の左図）だけではなく、設計空間や設計対象物の特性の位相（構成）にも任意性を許す問題（例えば、トラスの構成、リンク機構の構成、制御回路の構成など）も多い。後者は、トポロジーの最適化（図4-3-6の右図）という範疇の問題になるが、現状では、実用レベルでこのような問題を直接解くのはまだ難しく、人手を介して計算機がより解き易い問題に変換してから解く方が現実的である。

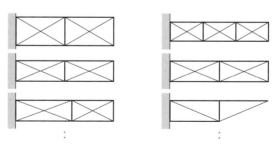

図4-3-6 パラメータ最適化（左図）とトポロジー最適化（右図）の例

(2) 探索範囲を絞り込む

前項（3）に示した数々の最適化手法に基づいてコンピュータを用いて最適化計算を行う場合、基本的にそれらは探索アルゴリズムであるので、効率良く解を得るためには、探索範囲を合理的に狭くすることが必要である。具体的手順を次に示す。

- 設計変数の個数（設計空間の次元）を減らす
- 等式制約条件を用いて従属関係にある設計変数を消去する
- 目的関数に対する寄与率が小さい設計変数を定数とする
- 設計変数の定義域を狭くする（上下限値の変更、離散の場合の要素数の削減など）
- 目的関数に対する制約条件を付加（最小化する目的関数に対し上限値の制約を付加）
- 多目的最適化において、トレードオフ関係にない（正の相関がある）目的関数を削除する
- 問題がより小さな問題に分割できる場合（独立、または、独立とみなせるとき）は、問題を分割して解く

なお、これらは、最初に最適化問題を構成するときだけでなく、最適化問題を解く過程で逐次変更していく場合も含む。

(3) 制約条件によって目的関数を使いわける

一般に、設計目標は、目的関数または（不等式）制約条件として表される場合が多い。例えば、限界まで軽量化したい（目的関数：最小化）質量をある値以下に抑えたい（不等式制約条件）というような場合である。

また、限界まで最適化しなくてもある水準まで改善が進めばそれでよい（満足する）場合や、満足するかどうかのクライテリアの設定値をきっちりとは決められないような場合もある。このような場合、例えば、その評価量を、当初は最適化すべき目的関数とし、検討がある程度進んだ段階で制約条件に変更することも有用である。

目的関数と制約条件は、問題を解く状況に応じて入れ換えたり内容を変更すると、速く解を得られる場合がある。例えば、部材の最大応力をある上限値以下に抑えたい場合、普通は不等式制約条件として考慮すればよいが、最適化問題を解いている段階で制約条件を満足しない解が多く現れるときには、上記の制約条件をやめて部材の最大応力を最小化するという目的関数に置き換えて解を探してみるのも一つの

手段である。

　なお、多目的最適化問題を単一目的最適化問題に置き換えるために、1個の目的関数を残して、残りを不等式制約条件に置き換えて解く方法（制約変換法、ε制約法）もある。

（4）最適化におけるシミュレーションの利用

　コンピュータを用いた最適化では、最適化の対象とする現象や設計作業を計算機シミュレーションできることがほぼ前提条件となる。ここでいうシミュレーションは広義に捉えたものであり、入力に対して出力が計算されれば良いので、物理的現象を模擬するCAE等の詳細なシミュレーションだけでなく、非物理的関係式、経験式、近似式などもその範疇に含まれる。

　また、汎用のツール等の普及に伴ってシミュレーションがブラックボックス化しつつあるが、シミュレーションしたい現象が本当に計算手段（シミュレーション・ツール）で実行されているかというの確認は必須である。

　一方、最適化の結果得られる解の精度は、これらのシミュレーションの精度を超えることはないので、最適解に望む精度に応じた精度でシミュレーションを実行すれば十分である。

　最適化する対象が部品レベルからシステム・レベルへと上がると、そのシミュレーションも大規模化、複雑化する。また、製品の性能を追求するのに従って対象とする現象が多領域にわたり、やはり大規模化、複雑化する。したがって、設計最適化のためのシミュレーションは、速く最適解を得るために、できるだけ簡潔で計算負荷が軽いことが望ましい。

　なぜなら、前述したように最適化計算は探索アルゴリズムで、解が得られるまでに多数のシミュレーションを実行する必要があるからである。このため、近似式（例えば、応答曲面式もこの範疇）を用いて最適化計算におけるシミュレーションの計算負荷を減らすことはよく行われる。この場合、最適化計算の結果得られた解について、最後に元の詳細なシミュレーションを実施して結果を確認することが必要である。

　さらに、設計するという観点からは、システムやそこで起きる現象が複雑化・複合化すればするほど、その本質を洞察することがより重要となるので、設計最適化のためのモデルは、欲を言えば、単なる数学的な近似ではなく、物理的に意味のあ

る現象の本質的な部分を表現できることが望ましい。

(5) 設計情報モデルへのフィードバック

　最適化のためのモデルが実際の製品の設計情報モデル（例えば、3D-CADモデル）から何らかの変換やモデリングをされて構築されている場合（例えば、有限要素法のメッシュモデル）はモデルによって表現された最適化された結果を元の製品の設計モデルに反映させて修正する必要がある。

4.3.5　設計における最適化の位置づけ

　設計における最適化は、設計対象の特性・特質を知る重要な手段の一つと言える。以下にその効果をまとめてみたい。

①優れた設計解の導出

　従来、最適化手法は、厳密な数値解析技術と組合せて、主として詳細設計における最適なパラメータ値の探索手法として用いられてきた。また、単一の目的関数の最適化が用いられることが多かった。このように、最適化手法の適用の第一義的な目的は、最適な設計パラメータ値を得ることによって優れた設計解を得ることにある。これは、パラメータ検討を合理的に行うことと言える。同時に、なぜそれが優れているかという物理的な理由付けを理解することが重要である。

②実行可能解の探索

　実際の製品開発／設計においては、要求仕様を満足するための設計解がなかなか見つからない場合がしばしば起こる。このような場合に、最適化手法を求解手法として実行可能解を探索する道具として用いることができる。

　また、設定された設計問題に解が存在しない場合もありうる。このような場合については、次項（2）の"設計解の改善手法の事例"にその例を示す。

③多様な設計解の導出

　大域的最適化に適した最適化手法を用いると、設計変数の定義域を意味のある範囲でできる限り広く設定することなどによって、できる限り多様な設計解を得るという探索ツール的な使い方ができる。

④設計限界の把握

　例えば、想定した方式によると原理的にどこまで性能が出せるかというような設

計限界を把握するという使い方もできる。多目的最適化におけるパレート最適解も、見方を変えれば設計限界を表していると言える。

⑤設計条件の妥当性の検討

　得られた最適解が特に人為的な制約条件によって規定されている場合（クライテリアの設定に曖昧性がある場合など）、その制約条件を変更した場合の解を元の解と比較することによって、その制約条件が表す設計条件や設計仕様の妥当性を再検討することができる。

⑥設計指針の抽出

　得られた最適解における目的関数と設計変数や制約条件との関連を調べることによって、設計指針を得ることが可能となる。例えば、多目的最適化におけるパレート最適解では、何らかの制約条件が活性になっている場合が多い。したがって、パレート最適解集合（線・面等）上での設計変数の値や制約条件の評価値等の分布から、設計変数の値の変更の方向や考慮すべき制約条件を知ることができ、設計指針が明らかになってくる。また、設計のボトルネックの把握などにも有用である。

4.3.6　最適化手法の事例

　最適化手法を製品設計に適用することは古くから行われており[4]、構造解析等のソフトウェアの機能の一部として実装されているものもある。文献[2]には、多くの事例が紹介されている。

　設計の現場においても、数値解析ソフトウェアパッケージに含まれる最適化手法の関数や商用の最適化（CAO：Computer Aided Optimization）ソフトウェアなどを用いて最適化計算を行っている例も多くなってきている。また、制約条件付きの単一目的の最適化計算であれば、Microsoft社のExcel™などに組み込まれている"ソルバー機能"を用いれば実行することが可能である。

　以下、4.3.4および4.3.5に示した観点から、最適化を設計に適用した事例を紹介する。

(1) 等価メカニズムモデルを用いた自動車の最適衝突設計[5]

　ここでは、等価メカニズムモデル（設計作業で用いるシミュレーションモデル）と呼ぶ、有限要素法（FEM）モデルよりは規模が小さくて計算速度が速く、集中質量系や近似関数モデルよりは衝突性能を精度良くシミュレーションでき、かつ、

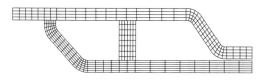

有限要素モデル

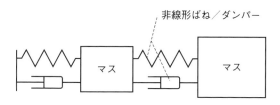

等価メカニズムモデル

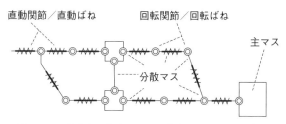

図4-3-7　自動車の衝突における等価メカニズムモデル

実形状との対応がとれる（FEMモデルに戻せる）モデル（**図4-3-7**）を導入することによって、設計者の意図（クラッシュ・モード）を反映した最適衝突設計が可能となっている。

（2）設計解の改善手法の事例

多目的最適化におけるパレート最適解は、実行可能領域の限界（境界）を表すので、実行可能解はパレート最適解まで移動させることにより優れた解となる。満足化トレードオフ法は、希求水準を与えることによって、最悪点から理想点へ向かう方向上にあるパレート最適解上の点を求める手法である（**図4-3-8**）[6]。

パレート最適解であっても設計目標を満足しない場合、このままでは与えられた設計問題の解はないが、問題の設定によってはパレート最適解自体を改善できる可能性がある（**図4-3-9**）。例えば、最適解を規定している制約条件があり、かつ、何らかの理由によってその条件を緩和できる場合、今まで定数と考えていた量の値

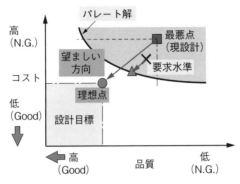

図 4-3-8　満足化トレードオフ法の概念図

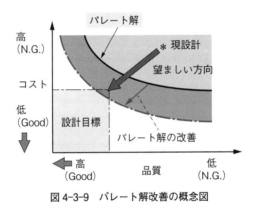

図 4-3-9　パレート解改善の概念図

(前提条件)を変更できる可能性がある場合などがこれにあたる。さらにこの考えを推し進めると、設計空間をどのように拡張していくかという方法論になる[7]。

①制約条件の緩和による設計解の改善の例(パイプ設計の例題)

簡単な例として、**図 4-3-10** に示すパイプにおいて、質量最小化(断面積最小化)と剛性最大化(断面2次モーメント最大化)の二つを目的関数とした多目的最適化問題を考える。

外径 d と肉厚 t を設計変数とし、各々について上下限値の制約条件があるとする。この問題のパレート最適解は、図 4-3-10 に示すような折点のある二つの曲線からなる。パレート最適解を改善できる可能性があるのは、その制約条件式の値が上限値または下限値に一致している場合だけである。この例では、パレート最適解の折点から左下側は肉厚 t が下限値に一致し、折点から右上側は外径が上限値に一致しているので、パレート最適解自体を望む方向に改善できる可能性がある。**図 4-3-**

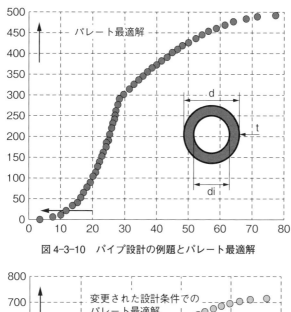

図 4-3-10　パイプ設計の例題とパレート最適解

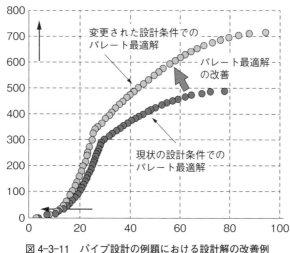

図 4-3-11　パイプ設計の例題における設計解の改善例

11 に、実際にこれらの制約条件の上下限値を緩和してパレート最適解を改善した例を示す。

②設計空間の拡張と解の絞込みに基づく最適設計法[7]

　既存の設計に対して革新的な設計を行うことを目指し、**図 4-3-12** に示す設計空間の拡張によって、より上位から設計問題を捉える方法論が提案されている。

　このようにして拡張された設計空間から、感度解析や遺伝的アルゴリズムに基づく探索法によって解を絞り込んでいくというものである。また、設計情報はフレー

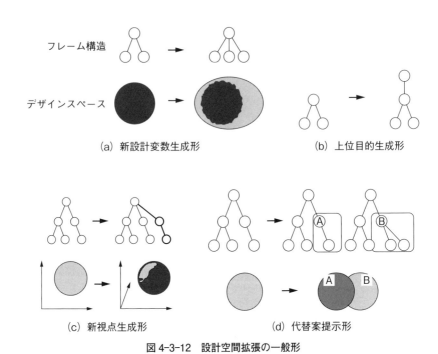

図 4-3-12　設計空間拡張の一般形

ムのネットワーク構造によって表現されている。

③設計解の可視化とクラスタリングの事例

　パラメータ検討や（多目的）最適化計算の結果得られた多くの設計解は、多次元空間内の点として表されるが、そのままでは何の情報も抽出できないので、設計者が理解できるように可視化したり、分類したり、さらに知識化していくことが重要となってくる。

　そのためには、設計変数と目的関数と制約条件の関係、場合によってはそれらから派生して得られる情報をうまく把握できるようにする必要がある。簡単な例（前述のパイプの例題）では次元も低いので、**図 4-3-13** に示すように、簡単な図示情報を手がかりに人手によってクラスタリングできる。多次元の例では、自己組織化マップ（SOM）[8]を用いて、超音速航空機の翼の最適設計結果をクラスタリングした例（**図 4-3-14**）[9]などが挙げられる。

4.3.7　設計プロセス自体の最適化

　開発要素が多い製品の設計では、設計を開始した当初はまだ設計プロセスが完全

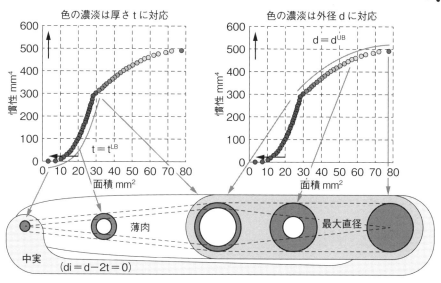

図4-3-13 パイプ設計の例題における設計解のクラスタリングの例

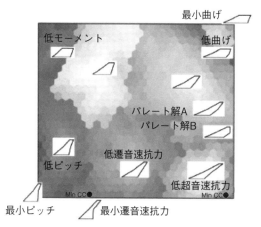

図4-3-14 SOMによる超音速航空機の最適設計結果のクラスタリング

には定まっておらず、設計途中で仕様の変更が行われて設計プロセスも変更される場合などがある。このようなボトムアップ的な設計の場合は設計の出力として、設計対象の製品の直接的な情報（例えば、3D-CADモデル、設計計算書など）のほかに、設計プロセスを明確化することが挙げられる。なお、ここでいう設計プロセスは、組織的なことというよりはむしろ、製品を規定する情報をどのように決めて

いくかということを意味する。

プロセスの表現には、グラフ表現やマトリックス表現がよく用いられる。設計の各タスク間の情報の入出力関係を基に後戻りの少ない設計プロセスの流れを設計するDSM（Design Structure Matrix）法[10]と、設計変数と評価特性の関係を表現するFDT（Function Dependense Table）法[11]とを組み合わせ、より効率的な設計プロセスを構築する手法[12]が提案されている。

一方、大規模な設計に対しては、シミュレーションが多くの分野にまたがり、それぞれを各分野の専門家が行うという場合が多く、設計変更やパラメータ・サーベイの効率を良くするためには、分散したシミュレーション作業を統合化、自動化するのが有用となってくる。米国を中心として製品開発のためのフレームワーク作りを支援する商用ソフトウェアの開発が盛んに行われており、知識ベース、標準化された（デファクトなものも含めて）技術ベースで統合化されている。ただし、それらの多くは、タスクフローに基づいた定型的な設計プロセスの自動化に主眼がおかれているようである。

4.3.8　最適化手法の今後

設計活動における種々のタスクの中で特に製品を規定するパラメータを決めていく過程に関して、最適化とそれに関連する手法の適用性について示した。最適化、**単にパラメータの最適値を求めるという目的のために実行する手段だけに留まらず、設計対象の特性・特質を知る重要な手段の一つと言える**。また、技術開発競争がますます激しくなっていく中で、市場要求や競争力の向上のために従来の製品の限界や枠を超える新しい製品を開発していくことが求められており、このような設計活動に対しても何らかの支援を行うことができる手法やシステムの開発が待たれる。

4.4　性能評価のための設計手法

設計したものが、所定の性能を有しているかを、実際に製作試験する前に、確認してことは製品開発の精度向上、効率向上のために重要である。ここでは、性能評価の手段としてのシミュレーションについて紹介する。

4.4.1　設計機能検証方法としてのCAE

設計機能の検証方法は、対象とする製品の種類、設計の段階（初期、中期、後期）

に応じて最適な方法を採る必要がある。まず、検証方法としてどのようなものがあるかについて考えてみる。

最も確実な方法は設計したものを試作して実験する方法である。ただし、時間、お金がかかると言った問題がある。特に、部品はともかくとしてシステム（車、航空機）としての試作は現実的には設計初期には不可能である。また、宇宙機器のように試作しても、運用条件下で実験できないものもある。

一方、試作に加えてここ十数年実用化の域に達しているものに計算機シミュレーションがある。計算機シミュレーションは、計算機上に設計した部品、システムの形状をCADで表現、そのイメージを設計者に提供するとともに、その性能（振動数、強度、応答、等）を計算機上で求めることができる。ここで言う計算機シミュレーションは、CAEと等価である。設計初期から適用できること、トライ・アンド・エラーが容易なことから非常に強力なツールとなっている。一方で、計算機シミュレーションは、試作／実験と異なり、現象自体がそこで明らかになるわけでなく、想定した現象の程度を定量的に提示してくれるツールであることを念頭に置いて用いる必要がある。試作／実験も同様の課題を抱えているが、**計算機シミュレーションはそれ以上に、それを使う設計者の技量（経験、洞察力、等）に左右される。**

一般に設計者は過去の経験（企業における実際の設計業務、大学等における教育、個人的な趣味）を元に、設計を行っている。その設計対象が過去の製品の改良設計で、その変更度合いが少ない場合には、部品レベルでの検証はあまり必要でなく、全体システムとしての機能検証のみで可能な場合もある。一方で、まったくの新規設計の場合には、設計者の技量にもよるが、部品、要素レベルでの検証から始めるのが一般である。実験／試作／計算機シミュレーションと言った検証をどのレベルで、どの方法で行うかは設計者に任せられている場合が多く、これを決めるのが設計と言っても過言ではない。各設計段階で検証を行った方が、確実な製品はできあがるが、これが度をすぎるとコスト、時間がかかることになり、これでは設計とは言えない。逆に、過度に設計を信用して、検証を怠ると設計がかなり進んだ段階で問題点が発覚し、設計初期からやり直しを行うということになる。すなわち、コスト、時間、品質の両立こそが設計の本質と言える。最善の方法は、設計の初期ではオーダーを当たる程度のマクロかつ簡便な検証（便覧等による）、設計の進捗につれて検証の精度を高めていくことである。どの検証法によるかは設計対象にもより、その都度最も効率的な方法を選ぶ必要がある。

設計機能の検証方法としての実験／試作の方法は対象とする製品、開発の時期により、大きく異なり総括的に述べるのは難しい。本章では、設計機能の検証方法としてシミュレーションに着目する。シミュレーションを行ううえで、実験／試作との関係も無視はできず、この関係についても述べる。

4.4.2　シミュレーションの定義と分類

設計工学の視点で考えた場合、性能検証の柱としてシミュレーションが位置づけられる。ここでいうシミュレーションはFEMベースのシミュレーション（これをCAE、Computer-Aided Engineeringと呼ぶ）のみならず、ハンドブックベースのシミュレーションなども含めた広義のシミュレーションを指す。また、シミュレーションの検証手段としての実験、シミュレーションで必要とされるデータの実験による取得も含まれる。

シミュレーションとは実際の複雑な物理現象をある目的のために、ある切り口から必要となる現象のみ抽出し、数学モデルに置き換えて、パラメータ検討を行うことと定義できる。**したがって、現象の抽出方法、数学モデルへの置換の精度、妥当性に結果が大きく左右される。**

図4-4-1にシミュレーションの分類例を示す。ここでは、二種類にクラス分けを行い、計9種類に分類した。まず、対象とする現象の数学的表現可能性／厳密性に関するものである。現象がよくわかっていて数学的に厳密に表現できる場合がClass A、現象は把握できていて、厳密性はないものの数学的に表現できる場合がClass B、現象的によくわからず、したがって、数学的に表現も困難な場合がClass Cである。一方、もう一つの軸は、事例の有無に関するものである。実験結果、事例とも豊富な場合がCase 1、事例は少ないが実験が可能な場合がCase 2、事例もなく、実験も困難な場合がCase 3である。シミュレーションの視点からは、Class A、Case 1が効果的なのは言うまでもないが、設計の視点からはすべての領域で精度はともかくとして評価可能であることが望まれる。そうでないとバランスの良い設計はできない。

図4-4-2に横軸に設計から見た重要度、縦軸に実現度をとり、種々のシミュレーションをマッピングした。設計を行ううえでは、熱、流体、音響、といった物理現象のみならず、コスト、リスク、といった項目も重要である。重要度が高く、実現度も高い領域（図の右下の領域）が当然、実際の設計では最も普及している。これ

CAE 自体の Class 分け	状況別の Case 分け	Case 1 実験結果、 CAE 事例豊富	Case 2 事例は少ないが、 実験可能	Case 3 事例なく、 実験も困難
Class A	現状理解容易、 数学的表現可	CAE 威力発揮	CAE 効果的、 実験で検証	CAE 効果的、 結果を十分吟味
Class B	現状把握、 数学的表現可能	マクロ CAE (FOA)	実験での検証が 不可欠	定性的評価に 使用
Class C	現象把握一部、 数学的表現困難	Knowledge- based-CAE	Experiment- based-CAE	CAE 適用困難

図 4-4-1　シミュレーションの分類例

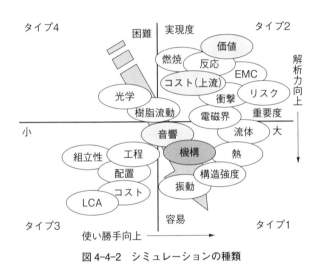

図 4-4-2　シミュレーションの種類

らの領域に関しては多くの市販のシミュレーションツールが実際の設計に適用され効果を上げている。一方で、製品の高機能化、多様化に伴い、必要とされるシミュレーションの種類も多様化している。その多くは現時点では実現度が低いものも多い（図の右上の領域）。設計という切り口からはこの領域のシミュレーションの実用化にも注力する必要がある。

4.4.3　製品開発におけるシミュレーションの役割[1]

製品開発におけるシミュレーションの位置づけ、重要性は、対象とする製品の形態、製品開発のどのプロセスで使用するのかによって異なる。

製品の分け方にはいくつかあるが **図 4-4-3** ではリピート製品、新型製品、新規製品に分けている。自動車であればガソリンエンジンを搭載した自動車の範囲での製品がリピート製品、ハイブリッド車のように自動車の構成は変わらないが、一部要素が変更になるのが新型製品、移動するという目的は変わらないがまったく異なった形態の自動車（この場合、自動車と言わないかもしれないが）が新規製品となる。リピート製品にシミュレーションを適用する場合、過去のシミュレーション結果、実験結果が豊富に存在するため、多少の設計変更があってもシミュレーションは比較的容易であり、精度の保証も困難ではない。新型製品の場合、新規導入された要素の全体への影響度合いを評価した後、シミュレーションの方法を決める必要がある。この場合、他製品での適用事例なども参考にすると精度の良いシミュレーションが可能となる。一方、新規製品の場合には、まったくゼロの状態から評価を行い、シミュレーションの手順、方法を決める必要がある。図の横軸には製品開発プロセスを示す。プロセスによってシミュレーションの適用方法も変わる。設計上流の概念設計、基本設計ではまだ詳細な形状モデルが存在しないので、いわゆる「アタリ」をつけるシミュレーションが必要となる。詳細設計段階では図面として設計情報が具体化するため、いわゆる FEM による計算機シミュレーションが可能となる。一方、試作、製造段階で問題が発生することもある。この場合には、そ

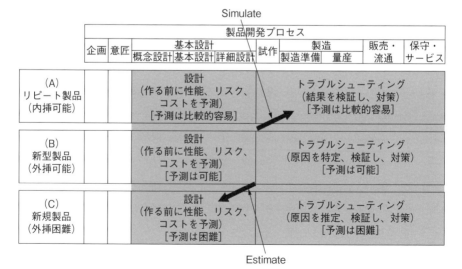

図 4-4-3　製品開発とシミュレーション

の原因を特定し、場合によっては設計変更をする必要がある。このような場合にもシミュレーションが適用されるが、どのようなシミュレーションを適用するかは状況によって異なる。**設計段階でのシミュレーション適用の目的は、設計機能の検証にあるが、試作、製造段階でのシミュレーション適用の目的は原因特定にある。後者はトラブル・シューティングということもある。**

図 4-4-4 に製品形態の分類例を示す。横軸は製品開発規模、すなわち、投資金額を、縦軸は製品がインデントものか、コンシューマ向けかを示す。右下の部分はインデントもので製品開発規模が大きい場合で、航空機の開発などがこれに相当する。この場合は一般に開発期間も長く、かつ、大型製品である場合が多く、種々の製品開発手法を長期にわたって適用可能である。すなわち、シミュレーションに関しても全面的に適用可能である。一方、左上の部分はコンシューマ向けで、開発規模も大きくはない場合で、携帯情報機器の開発がこれに相当する。この場合、開発期間も短く、かつ、多岐の分野にまたがっている場合が多く、既存の製品開発手法がそのまま適用できない場合が多い。シミュレーション技術に関しても、開発期間の制約、技術そのものが確立できていないなどの理由で適用が限定的である。このように製品形態によって、シミュレーションの適用方法も柔軟に対応する必要があるが、共通的な部分も多く、設計工学の視点から体系化しておくことが重要である。

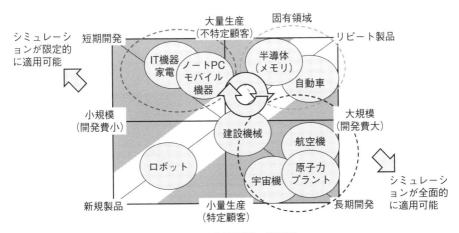

図 4-4-4　製品形態の分類例

4.4.4　シミュレーションの方法

シミュレーションの手順は概略以下のようになる。
　ⅰ．対象とする製品、現象の範囲を特定する
　ⅱ．対象とする製品、現象をモデル化する
　ⅲ．数学モデルに置き換える
　ⅳ．結果を予測する（厳密解あるいは実験結果による予測）
　ⅴ．数学モデルを解く（理論的あるいは数値的に解く）
　ⅵ．結果を評価する（厳密解あるいは実験結果との比較）

上記の数学モデルを解く際に、大規模に計算機を必要とするのが、計算機シミュレーション、手計算、電卓、あるいは小規模な計算機で可能なものが設計シミュレーションとここでは定義する。

（1）計算機シミュレーション：CAE

計算機シミュレーションは、一般にCAEと同義である。CAEはComputer Aided Engineering の略で、1980年に米国SDRC社の創設者の一人、J. Lemonが提唱した言葉と言われる。元々は、

　　CAE＝CAD＋FEモデリング＋FEA＋GUI

であったが、現在では大きく、

- FEA：線形、非線形、熱、磁場、流体
- 運動学、剛体力学、マルチボディダイナミクス
- 成形シミュレーション

に分類できる。種々の現象を工学的に数学モデルに置き換えて大規模に計算機上で計算することと定義することもできる。

計算機シミュレーションの利点は設計者が細かいことを知らなくてもある程度の答えを出してくれることにある。一方で欠点としては**ブラックボックス的になり、間違った答えが出ても設計者が評価できないケースが出てくることである**。計算機シミュレーションは一種の数値実験であるが、実験の場合は、計測という行為が入るために、ある程度結果を予測する必要があり、この行為が結果として現象の理解につながる。一方、計算機シミュレーションはこのような手順を踏まないでも使えるため便利な反面、危険でもある。また、計算機シミュレーションは多くの場合、数値的に解いているため、解法の違いによって答えも違ってくる。実験結果と同様

に、計算機シミュレーション結果にも誤差／精度という概念を持ち込む必要がある。

次に、計算機シミュレーション手法について述べる。

物理現象の多くは偏微分方程式で表現できる。これを計算機で数値的に解くためには方程式を離散化する必要がある。離散化の方法としては差分法、有限要素法、境界要素法があり、離散化された方程式は多元の連立方程式となり、最終的にこれを解く。

差分法は図4-4-5に示す[2]ように、座標軸の方向に計算領域を格子分割し、各格子点における値を用いて方程式の微分項を近似的に表現する。格子線によって囲まれる各体積要素について、物理量の保存則をもとに定式化を行う有限体積法も用いられる。

有限要素法は図に示すように、計算領域を任意の三角形あるいは四角形要素に分割し、離散化方程式を得る。非構造格子を用いる解法は汎用性に優れているが、格子点の配置が不規則であるため、計算処理上は構造格子に比べて劣る。

一方、熱伝導問題を表現するラプラス方程式のように、微分方程式の基本解が解析的に得られる場合は境界値に応じて基本解を重ね合わせることができる。この方法を境界要素法と言い、図に示すように境界上のみを要素分割すればよいので、問題の次元を1次元落とすことができ、効率的な計算が可能となる。

運動学、剛体力学、マルチボディダイナミクスの場合には、上記の格子分割と異なり、等価な多質点に置き換えて解析する。最終的に離散化された方程式は多元の連立方程式となる点は同じである。

実際の計算機シミュレーションでは上記の計算領域の格子分割、多質点分割を含め、計算条件の設定、境界条件の設定、材料定数の設定、等を行うプリプロセッサ

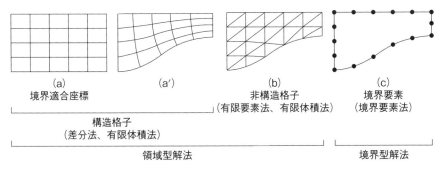

図4-4-5　計算機シミュレーションの各種手法

と計算した結果（変位、応力、速度、圧力等）を視覚的に提示するポストプロセッサが必要となる。

(2) 設計シミュレーション：FOA

　計算機シミュレーションが現象を直接的に表現し、大規模に計算機で解を求めるのに対し、現象を目的に応じて、より単純化し、数式レベルで表現し解を求めるのが設計シミュレーションである。モデルの単純化には設計者の経験／ノウハウ、実験結果、等が用いられる。便覧等にある設計式も設計シミュレーションの一手法と考えられる。4.1.2.項(4)で紹介した菊池が提案しているFOAも究極的には設計シミュレーションを目指している。菊池によるとFOAとは『アタリを付ける計算（シミュレーション）』であり、設計がまさにアタリを付ける作業の連続であることから、この考えは非常に有益である。したがって、ここでは設計シミュレーションはFOAと等価と考える。

　例えば、ビームを考える。このビームの固有振動数を求めるのに、CAEを用いて計算するのが計算機シミュレーション、便覧等を用いて設計者自ら計算式を立てて解を求めるのが設計シミュレーションである。このようなビームであっても、十分にスリムなビームであればCAEではビーム要素で十分であるが、短くなってくるとソリッド要素、あるいはビーム要素でも特殊な扱いが必要となってくる。設計シミュレーションも同様であり、スリムなビームの場合には通常の便覧に載っている材料力学の式が適用できるが、短くなってくるとせん断の影響が無視できず、例えば、チモシェンコ梁理論を適用する必要がある。このように、設計シミュレーションの場合には、状況に応じて臨機応変にモデリングの手法が変更できる柔軟性と能力が求められる。計算機シミュレーションの場合は、設計シミュレーションほどシミュレーションに関する設計者の能力は求められないが、それでも最低限、CAEの原理、適用範囲等を十分に理解していないと、本来のシミュレーションの範囲を越えて設計に適用してしまう危険をはらんでいる。

4.4.5　シミュレーションの実際

　シミュレーションを設計に適用した事例を紹介する。ここで紹介する事例の大半は計算機シミュレーションの設計への適用事例であるが、実際の設計においては多くの場合、便覧、ハンドブック、教科書、過去の設計事例集、等を用いて設計者固

有の設計シミュレーションを実施している場合が多い。このような設計シミュレーションの多くは設計者の頭の中にあり、外部からは伺い知ることができない。今後、このような設計シミュレーションを体系化する努力が必要である。4.4.6.項には計算機シミュレーションと設計シミュレーションを融合した事例を紹介する。

(1) 動荷重問題への適用例[3]

二輪車の走行時の挙動は設計上重要な要因である。二輪車が路面の凹凸を乗り越える際の動荷重シミュレーションの例を**図 4-4-6** に示す。二輪車本体、乗員を多質点に置き換え、各部の剛性、減衰を定義する。道路の凹凸は入力として定義される。計算結果を図に示す。図では実験結果もあわせて示す。モデル化の近似度の関係で細かい現象まで実験結果を模擬はできていないが、マクロには現象を捉えている。

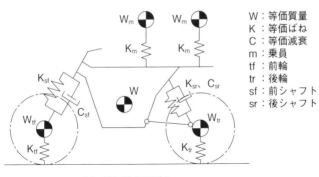

(a) ばね質点モデル

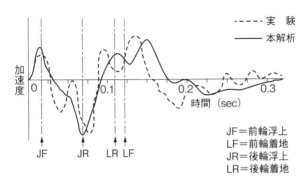

(b) ばね上加速度応答波形の比較

図 4-4-6　二輪車の走行シミュレーション

(2) 構造問題への適用例[4,5]

建設機械のショベル構造は複雑な板構造物であり、種々の荷重を受けた際の変形、強度評価が設計の際に重要となる。特に、**図 4-4-7**(a) のカーボディと呼ばれる部分は数多くの有孔板と円筒殻から構成される重要な部位である。

カーボディは、構造、荷重、境界条件いずれも対称と仮定できるため、計算モデ

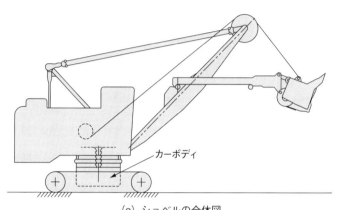

(a) ショベルの全体図

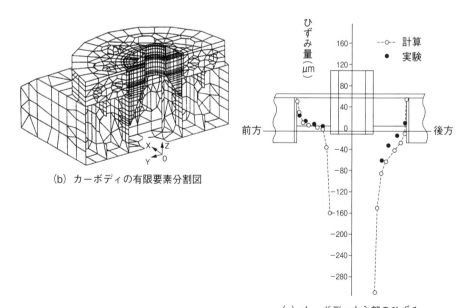

(b) カーボディの有限要素分割図

(c) カーボディ中心部のひずみ

図 4-4-7　建設機械の構造シミュレーション

ルも1/2対称モデルとして扱うことができる。図4-4-7（b）にカーボディの有限要素分割図、図4-4-7（c）このモデルによる計算結果を示す。計算結果は概ね実験結果と一致しているとともに、実験では見ることのできない部位のひずみ量もシミュレーションにより、可視化、予測することができる。

(3) 振動問題への適用例[6, 7]

　ハードディスク装置は、磁気ヘッドがサブミクロンオーダーの隙間でディスク面上を浮上して、ディスク／ヘッド間で情報の読み書きを行う。この際、振動によりヘッドがディスクに接触すると、ディスク面に書かれた情報が消えてしまうヘッドクラッシュという問題が発生する。一方、ディスク装置の各要素は非常に小さく薄いものが多く、外乱の影響を受けやすい。したがって、設計段階でヘッドの動的挙動を把握しておくことが重要である。図4-4-8に有限要素法によるヘッド・支持ばね系の固有値解析結果を示す。ここに示すモードはヘッドクラッシュを起こしうる振動モードであり、ディスクの回転数と共振した場合に問題となる。このような知見を設計段階で事前に知ることにより、共振を避けるための支持ばね剛性、ヘッドの重量を選択することが可能となる。

(4) 騒音問題への適用例[8, 9]

　最近の社会問題として交通騒音がある。特に新幹線騒音に関しては、線路に近い

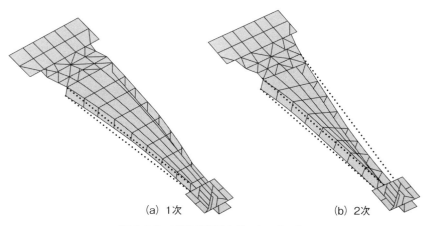

(a) 1次　　　　　　　　(b) 2次

図4-4-8　HDDの振動シミュレーション

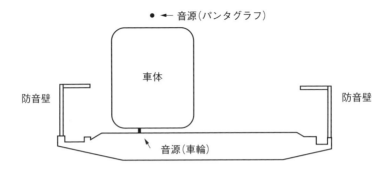

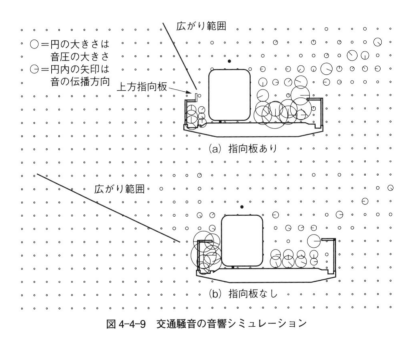

図 4-4-9　交通騒音の音響シミュレーション

住民への要求を満たすべく静音化対策が急がれている。図 4-4-9 は車輪から発生する音がどのように伝播するかを境界要素法で計算した例である。円の大きさは音圧の大きさに相当し、円内の矢印は音の伝播方向を示す。上方指向板を設置することにより、音圧の広がり領域を大幅に狭めることができることがわかる。

(5) 熱流動問題への適用例[10, 11]

　熱流動計算には層流計算と乱流計算がある。

　層流計算は流体力学の基礎方程式をそのまま解くもので、通常は、高粘性流体、

低流速、小サイズの対象に限定される。

　乱流計算は、流速を乱れの成分と平均成分に分け、乱れの成分は乱流エネルギーと散逸率の二つの変数についてモデル化された輸送方程式を解いて求める。一般に、水や空気を対象とする場合には乱流計算が必要となる。ただし、乱流計算はどのような乱流モデルを用いるかによって計算結果が異なる。

　ピンフィン列は熱交換機器の重要要素であるが、熱交換効率と流動抵抗のバランスをとる必要がある。すなわち、設計上は、熱交換効率を高めつつ、流動抵抗を最小化したい。このために、ピンフィン列の流動抵抗を知る必要がある。一般にピンフィン列は微小で低レイノルズ数域であり、実験が困難または乏しいのが現状である。そこで流動解析が威力を発揮する。図4-4-10（a）に列数2の場合の計算モデルを示す。列数を増やしていくと圧力差（流動抵抗に対応）は図のように漸増する。このときの圧力パターンを図4-4-10（b）に示す。このように流動抵抗に関する知見が得られるばかりでなく、流動パターンが可視化されることにより、設計変更が容易となる。

(6) ノートPCの熱設計[12]

　ノートPCでは小型軽量化の要求が強く、同時に処理能力の向上も強く望まれている。このような要求に答えるため、少ない面積から高発熱量を逃がすといった熱設計が非常に重要である。さらに、製品開発のサイクルが短く設計の効率化が強く求められている。このような背景から、熱設計シミュレーションに大きな期待がかけられている。

　パソコン設計の中で行われている熱設計シミュレーションは、基盤や電源、HDDなどの部品の配置が決まった後、ヒートシンクの構造や熱的な結合、冷却ファンの設置などを検討し、熱解析を実施する。その解析結果により所定の温度上昇に納まるよう設計変更を繰り返していくものである。この場合、CADなどの設計情報そのものが熱解析の形状モデルに反映されることが望ましく、熱設計により設計変更した形状モデルは構造設計などほかの設計にも影響を与えるので、ここでの設計変更などは設計情報そのものにフィードバックされる必要がある。ただし、設計の構想段階では、熱解析の元になるCADなどの設計情報そのものが存在しないため、過去のデータやラフな形状モデルなどによる解析が行われることも多い。また、数値シミュレーションによる熱設計を実現するには、解析結果の信頼性が重

(a)

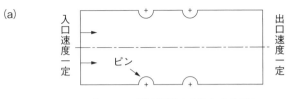

ピンフィン列を通過する流れのモデル

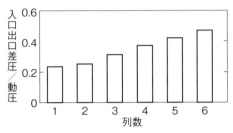

列数による圧力差の変化

(b)

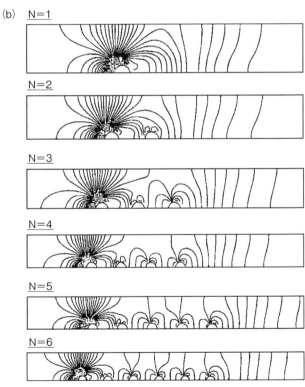

ピンフィン列による等圧線パターン

図 4-4-10 熱交換器の流動シミュレーション

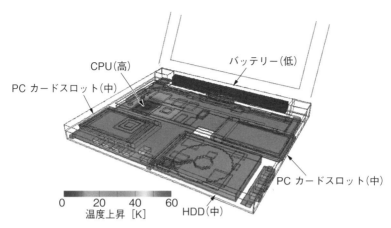

図 4-4-11　ノート PC 筐体内部の温度分布シミュレーション結果

要となる。境界条件として実測によるものを採用する等の工夫も必要である。

図 4-4-11 に熱設計シミュレーションの一例として、筐体内部の温度分布を示す。このようなノート PC 全体を取り扱うようなシミュレーションでは、各部品の定量的な温度を詳細に議論することはできない。熱伝導場での部品間の熱的な接合について不明な点が多いことや筐体内部の空気の対流熱伝達に対する解析の信頼性も十分とは言えないからである。また、各部品の許容温度やその発熱量の見積もりについても誤差があると言える。したがって、ホットスポットの有無や全体的な温度分布を検討することが望ましく、この図からは CPU 等の発熱部からの熱の流れを理解することが望ましい。冷却システムを検討するうえではこれの温度分布は貴重な情報となる。

　解析結果を評価する一つの方法として、境界条件として一様な熱伝達率を与えた筐体表面熱伝達率に対する各部の熱抵抗を検討した結果を**図 4-4-12** に示す。ここでの熱抵抗は、CPU とボードでは CPU 発熱量を、HDD とケースでは全体発熱量を基に算出した。厳密には熱抵抗は発熱量に依存するが、その変化の割合は筐体表面熱伝達率変化によるものに比べれば小さい。したがって、この図よりある表面熱伝達率、すなわち、使用環境に応じた熱抵抗を予測することが可能となる。さらに CPU と基板間、あるいは基板と筐体表面間といった熱抵抗も推測でき、放熱経路の検討に有効な情報となる。

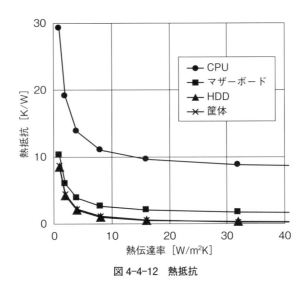

図 4-4-12　熱抵抗

(7) ノート PC の落下衝撃特性[13]

　電子機器に関する落下衝撃シミュレーションは機器の携帯化対応など、重要であるにもかかわらず、その困難さから普及が遅れている。ノート PC では、落下時に筐体が破損する以前に内蔵される電子部品がその衝撃により動作不良を起こす場合があり、自動車の衝突などの大変形問題と扱いは異なる。

　落下衝撃シミュレーションに先立ち、落下衝撃時におけるハードディスク、電池、筐体などノート PC 各部の振動加速度や歪とその動的挙動を明確にすることを目的として、図 4-4-13 に示すノート PC の落下衝撃実験を実施した。その結果、筐体支持部では衝撃入力時に衝撃加速度の最大値を持つが中央部付近では時間後れが見られるなど、最大加速度の発生時間は各部位で異なった。着目部位であるハードディスクについて筐体中央部近傍では最大値が入力値の 2 倍近くになるなど衝撃加速度は測定部位に大きく依存した、したがって、シミュレーションにおいては、これらの筐体各部で異なる衝撃加速度とその発生時間を再現すること、またその機構を解明することがポイントとなる。

　シミュレーションモデルを図 4-4-14 に示す。本モデルは接点数 9627、要素数 7977 の FEM モデルで、底板、キーボード、電池カバー、放熱板など薄板部は中立面にシェル要素でモデル化、ハードディスク、電池、拡張スロット部、後方補助金具端子、電池端子はソリッド要素でモデル化した。フロッピーディスクについて

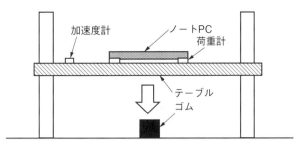

図4-4-13　落下衝撃試験装置

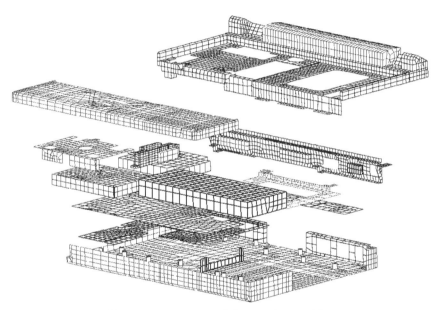

図4-4-14　ノートPCのシミュレーションモデル

はブラケットのみをモデル化し、本体は集中マスで表現した。集中マスからブラケットは剛体要素で結合した。回路基板上の重い電子部品については集中マスで表現し、その他の電子部品の重量分はサーキットボードの密度に転嫁してある。サーキットボードと拡張スロット部、後方補助金具端子、電池端子との結合は剛体要素を使用し、局所的に結合した。ネジ結合部は各部品間を剛体要素で結合した。底板部とキーボード、電池カバーとの結合は、多点拘束条件を使用した。接触する部品間のシェル要素ではモデル化したリブ間の接触を考慮した。

　ここでは、ノートPCと衝撃試験機の台座に落下高さに相当する初速度を与え、

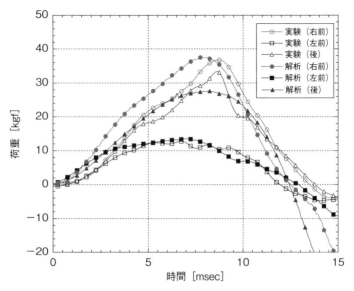

図 4-4-15　実験とシミュレーションの比較（荷重）

台座に実験より得られた衝撃加速度を入力することにより解析を実施した。

　支持点の荷重における実験と解析の比較を図 4-4-15 に示す。どの支持点においても、解析値と実験値で最大荷重やその発生時間により一致が見られる。ノートPC 前面左側にはハードディスクが、前面右側にはバッテリが搭載されており、背面に比べると重量が大きいため、高い荷重値が観察される。また、前面支持点での最大荷重発生時間は約 9ms と衝撃加速度のピーク時間とは異なる。

　ハードディスクの加速度は、支持点近傍と筐体中央部に着目した。これらの加速度について実験値と比較し、図 4-4-16 に示す。支持点近傍では入力と同様に、4ms で加速度の最大値を持ち、その後減衰していく。筐体中央部では 4ms 時と 9ms 時に二つのピークを持ち、2 番目の最大値は入力加速度の 2 倍程度になる。これらは、解析値と実験値でともに観察され、本解析モデルの有効性がよくわかる。

　ノート PC の変形の様子を図 4-4-17 示す。衝撃加速度入力時に支持点が持ち上げられ、時間後れを伴い中央部が遅れて変形し、この変形が最大となった後、リバウンドにより上に凸の変形となった。このように、本解析では落下衝撃により、膜変形挙動を示した。

　この筐体の変形量と解析によるハードディスク加速度の時間履歴を図 4-4-18 に示す。支持点近傍では 4ms において下降の変位は最大となり、上昇を始める。こ

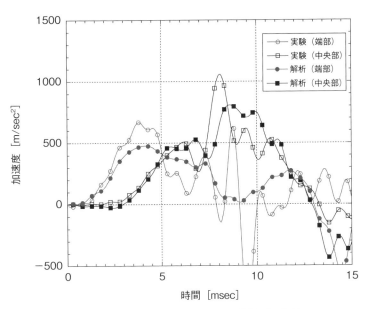

図 4-4-16　実験とシミュレーションの比較（加速度）

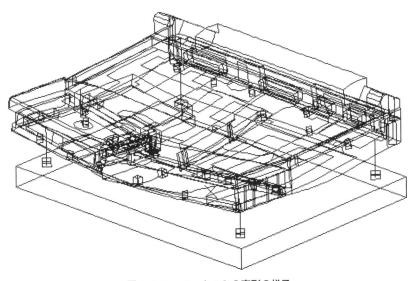

図 4-4-17　ノート PC の変形の様子

の時刻において、ハードディスクにおける一つ目の加速度ピークが発生する。しかし、中央部では、さらに下降を続け、9ms において支持点と中央部の相対変位がピークを持つ。この膜変形が最大となったときハードディスク部の二つ目の加速度

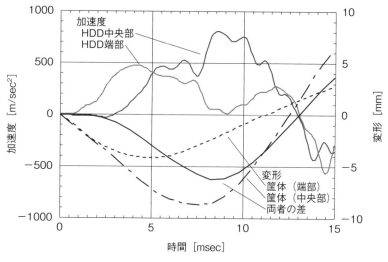

図 4-4-18　変形と加速度の関係

ピークが発生する。これより、ハードディスクに発生する加速度のピークの発生機構が筐体の膜変形によることがわかる。

4.4.6　シミュレーションの検証方法

シミュレーションの結果は何らかの手段でその妥当性を検証する必要がある。検証方法はシミュレーションの種類、方法によって異なるが、大きく二種類の方法に分けられる。一つは実験による検証、もう一つは他のシミュレーションとの比較による検証である。

（1）実験による検証

実験による検証は一般的であるが、実験自体が曖昧性を有するためにその適用に当たっては十分に注意を要する。シミュレーションは何度計算をしても同じ答えを出すが、実験の場合はいつ実施したか、だれが行ったかなどの諸条件で答えが変わってくる。これは実験が目的の現象のみならず想定していない現象も包含しているからである。このため、実験結果の検証のためにシミュレーションが用いられることもある。

したがって、シミュレーションの検証に実験が有効であるのは、シミュレーション自体に曖昧性を含む場合が多い。流体シミュレーション、熱シミュレーション、

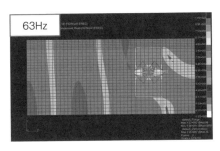
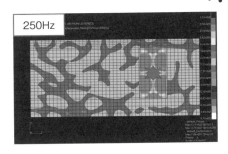
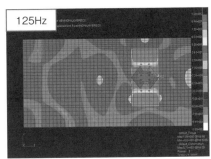
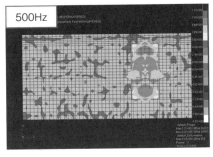

図 4-4-19　音場シミュレーションの例

音響シミュレーションに実験による検証が適用されるのはこの理由による。例えば、流体シミュレーションでは乱流係数、熱シミュレーションでは接触熱抵抗、音響シミュレーションでは吸音率といった計算パラメータは一般には正確に、かつ、厳密に定義することはできないため、実験との比較によりその妥当性を検証する必要がある。

(2) 他のシミュレーションとの比較による検証

計算機シミュレーションを一種の数値実験と考えると、設計シミュレーションの結果を計算機シミュレーションで検証することが可能である。この場合には、設計シミュレーションを行う際に、設計者の経験でモデルの単純化を実施しており、これが妥当であるかどうかの検証になる。一方で、計算機シミュレーションの場合には、多くの計算パラメータの設定等で間違える可能性も高く検証が不可欠である。この場合に、設計シミュレーションで検証することができる。図 4-4-19 は音場解析を計算機シミュレーションで実施した結果である。空間内の音圧分布を表示しており、イメージをつかむのに非常に有効である。しかしながら、この結果が妥当であるかどうか検証する必要がある。音響解析は大胆な仮定を設けることにより非常

に簡単に結果を求めることができる。この場合も、空間内が拡散音場（音が十分に拡散して、空間内どこでも同じ音圧。音の波長に比べて、空間の大きさが十分に大きい場合に成り立つ）が成り立つと仮定すると、空間内の音圧が教科書程度の知識で容易に求まる。

　この結果を図 4-4-20 に示す。拡散音場は周波数が高い場合（波長が対象空間の寸法に比べて十分小さい場合）に成立し、逆に、周波数が低い場合（波長が対象空間の寸法と同レベルまたは大きい場合）には成立しないという理屈を持ってこの結果を眺めると、計算機シミュレーションの結果はこの理屈にかなっており、計算機シミュレーションの妥当性を示している。すなわち、500Hz では十分に拡散音場が成立していることを数値実験的に実証するとともに、低い周波数では定在波の影響を受け、場所によって音圧レベルが大きく異なることがわかる。このように、計算機シミュレーションと設計シミュレーションを併用することにより、シミュレーションがより設計の深いレベルで活用できる。

　また、計算機シミュレーションの結果をほかの計算機シミュレーションの結果と比較することも有益である。図 2-4 に円環のシミュレーションを 3 種類の構造解析ソフトで行った結果の比較を示したが、このような比較により計算機シミュレーション結果の妥当性だけでなく、各ソフトウェアの特徴も理解することができる。

4.4.7　シミュレーションの可能性と限界
（1）シミュレーションの可能性

　シミュレーションの可能性は大きい。適確にモデル化を行うことにより、実験では得られない情報を得ることができるとともに、形式知化されていることにより他への転用が容易である。過去のシミュレーションのノウハウを取り込んだり、実験によりシミュレーションの検証を行うことにより、真の意味で物理現象をよく表現したシミュレーション環境が実現できる。ひとたび、そのような環境ができてしまえば、設計に関わる多くの変数を容易に変化させて計算を行うことができ、最適設計等へ応用が可能となる。また、実験できない環境、例えば、無重力環境、極微小環境（実験できても測定ができない）の元での現象も予測可能となる。ただ、このような場合には次に述べるように特別な配慮が必要である。

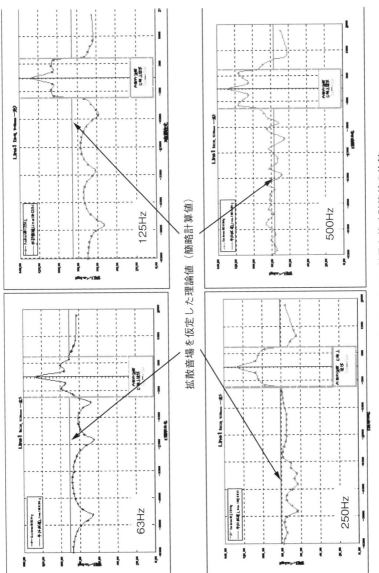

図 4-4-20 音場シミュレーション結果と簡略計算値の比較

(2) 非日常現象とシミュレーション

　一般に、シミュレーションは日常現象を前提に構築される。したがって、大きさ、使用環境、などが日常現象の範囲、あるいは常識の範囲であればいいのだが、これを越えてシミュレーションを適用する場合には注意を要する。特に、最近の製品は非日常的状況、状態、環境にさらされる場合が多い。例えば、半導体の構造解析では寸法がナノオーダーになるため、もはやヤング率（E）等の概念は通用しない。MEMSの設計においても専用の考え方が必要となってくる。また、宇宙環境での製品開発では、無重力のため、熱対流がない、流体の表面張力が顕在化、など日常とは異なる環境下にある。しかしながら、このような状況は理解できたとしてもシミュレーションを行い、検証することは非常に困難である。すなわち、非日常現象を考える際には、工学的に定義された種々の定数（μ：摩擦係数、E：ヤング率、γ：表面張力、など）をその本質に戻って再定義する必要がある。シミュレーションで用いる多くの定数は経験的に工学的に定義されたものであり、原理原則から理論的に導出されたものではないということを理解しておく必要がある。

　また、日常現象はシミュレーションに頼らずとも、実験による検証が可能であるが、非日常現象は一般に実験による検証が困難であり、相対的に**シミュレーションの重要性は高い。したがって、シミュレーションが設計プロセスで効果を出すためには、日常現象のみならず、非日常現象も含めて対象とする努力が必要である。**

(3) 複合領域のシミュレーション

　本章で述べたシミュレーションの多くは単独現象のシミュレーションである。一方、実際の現象は複数の現象が同時に発生している。したがって、理想的には複合領域のシミュレーションができることが望ましい。これが実用化されていない理由が二つある。まず、設計の視点から見ると問題を単純化（わかりやすく）するために、卓越した現象に特化し、個別に評価した方が効率的である。もう一つの理由は複合領域のシミュレーションが容易でないことである。複合領域のシミュレーションを実施するには厳密には同じ土俵の上で複数の現象を表現する（完全連成解析を行う）必要がある。一部実現できている現象の組み合わせもあるが、一般には困難である。したがって、弱連成解析をベースにする場合が多い。この場合には本当に弱連成解析で実現象を模擬できるのかを別の手段で確認しておく必要がある。

(4) シミュレーションの限界

シミュレーションは設計を行う際に非常に有益なツールである。しかしながら、万能なツールでないことも事実である。ここではその限界について述べたい。

シミュレーションは対象とする現象を特定し、この現象をモデル化、すなわち数学モデルに置き換えてこの数学モデルを解くことによって解が得られる。したがって、**実験のように想定していない現象は評価できない。すなわち、シミュレーションによって新たな知見（事実）が得られるわけではない**。また、これは限界ということではないかもしれないが、シミュレーションはその適用範囲を越えた使い方をしても時として解を提示してしまう危険を有している。また、使い勝手が向上したあまり、シミュレーション自体がブラックボックス化し、深い知識がなくても使えてしまう危険もある。ただ、これらはシミュレーション自体に問題があるわけでなく、使い方に問題があるわけで、違った側面での対応が必要である。

このように、**シミュレーションは想定された現象で、かつモデル化可能な場合にのみ効果を発揮する**。実際の設計問題を考えると、このような状況にある現象は一部といってよいかもしれない。シミュレーション自体は計算力学という学問分野に属しており、日夜、適用範囲の拡大を目指して研究が進められている。ここで一番重要なことはシミュレーションできる現象自体の拡大である。一方、設計者は以前は自作のソフトを使用することもあったが、現在は市販のソフト、いわゆるCAEツールを用いることが一般となっている。GUIを含め非常に使いやすいツールになっていることは事実であるが、中味のブラックボックス化（現象を知らなくても使えてしまう）と、CAEがビジネス化したことに伴い、本来の適用範囲の拡大という地道な努力がおざなりになっていることに危惧を感じる。

4.4.8　シミュレーションを設計に活かすために

図4-4-21に設計におけるシミュレーションの位置付けを示す。概念設計、機能設計、配置設計、構造設計、製造設計と設計が進むにつれて、設計情報の詳細度は高まる。しかしながら、設計の下流では多くの設計に関するパラメータは決定されており、設計に自由度は多くはない。また、設計の進捗に伴い、試作等も並行して実施されるため、設計の下流では実体による設計機能の検証が可能となり、実体による機能検証を行うか、シミュレーションによる設計機能検証を行うかは単に効率の面だけで決定される場合が多い（設計下流でも試作ができない場合はシミュレー

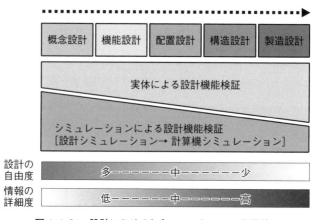

図 4-4-21　設計におけるシミュレーションの位置付け

ションの選択しかない)。

　一方、設計の上流ではリピート製品のように過去の知見が存在する場合を除いて、実体による設計機能の検証は困難である。しかしながら、設計上流では設計情報の詳細度が低いため、いわゆる計算機シミュレーションをこの段階で実施することはできない。そこで、設計上流においては設計シミュレーションによる設計機能検証、設計パラメータの決定（最適化等を活用）が重要となる。設計シミュレーションの情報は設計の進捗とともに、シームレスに計算機シミュレーションに受け継がれることが理想である。

　実体による設計機能検証と、シミュレーションによる機能検証はお互いに排他的関係にあるのではなく、補完関係にある。シミュレーション結果を実体で検証し、実体における現象をシミュレーションで確認することにより、シミュレーションという Virtual な世界から実体という Real な世界へ効率的にかつ正確に設計情報を反映させることができる。

　以上述べたように、シミュレーションを設計に活かすための環境は整ってきている。あとは使い手の問題に帰着する。シミュレーションを設計で使いこなすためには、機械工学に関する基礎技術、すなわち、構造力学、機械力学、熱力学、流体力学、制御工学、統計学、などについて深く理解していることが前提となる。

4.5　システム評価のための設計手法

　システム評価のための設計手法は、通常、システムズエンジニアリングと呼ばれ

ているものと同義である。例えば、スペースシャトルがロケットで打ち上げられて、軌道上に達し、所定の任務を終えて地球に帰還するまでをスペースシャトルの一サイクルと考えると、この各ステージのリスクを予測するのがシステムズエンジニアリングである。この場合、一般に、リスクを下げようとすれば、コストが上がり、コストを下げるとリスクは増加するが、システムズエンジニアリングではできるだけコストの増加を最低限に抑えてリスクを最小化する考えである。すでに述べたDfXと同様に、システムズエンジニアリングに具体的な手法があるわけでなく、FTA、FMEA等を用いてリスクを算出する。システムズエンジニアリングの考え方は欧米では一般的であるが、日本ではあまりなじみがない。これは日本型の製品開発が技術者間の阿吽の呼吸に頼っていること、宇宙、航空など大型の製品開発が少ないことによる。しかしながら、よく考えてみると、どのような製品においてもリスクは存在するわけであり、日本においてもシステムズエンジニアリングの考え方は重要である。

(1) システムズエンジニアリングは全体最適の手法

　日本では最適化手法というと、形状最適化を思い浮かべるが、最近の世界の動向としては、**最適化手法を、製品ライフサイクル全体に拡張し、コスト、リスクも含めて全体最適するシステムズエンジニアリングの方向に向かいつつある**。すなわち、システムズエンジニアリングとは全体（システム）を考えて製品開発を行いましょうという、いたって自然な考え方であり、これを具体化する手法は多くの場合、すでに存在するものである。既存の設計手法をシステムズエンジニアリングの考え方のもと、どのように取捨選択、組み合わせて適用するかというところがポイントである。

　システムズエンジニアリングでは、全体最適が最上位の命題である。いくら個別の性能が優れていても、小さな一箇所が不十分であるために全体が成り立たないことはよくある。大規模システムで常識では考えられないトラブルが起きることがある。これはまさに、システムズエンジニアリングができていないために起こるのである。多くの場合、起きてしまえば原因はわかるのだが、これを事前に把握、設計に反映する仕組みがシステムズエンジニアリングである。この際、どのように全体最適するかが問題である。やり方としては大きく、トップダウンで階層的に順次最適化していくハイアラーキー型、個別最適しながら、同時に全体最適も行う同時並

行型に分けられる。リピート製品の場合には前者、新規製品の場合には後者をとる場合が多いように思う。ある程度、全体が見えている場合には前者を、全体がよく見えていない場合には後者を結果として採用することになる場合が多い。

一方、コンシューマ機器においてもシステム評価のための設計手法は重要になっている。ノートPC、その他のシステム機器においては、熱、構造といった個別対応型の最適設計に加えて、システム最適化（複合領域の最適化）が重要となる。システム最適化には二段階ある。まず、複合領域の設計因子の統合化、例えば、相互にデータの受け渡しを行うことである。これができたうえで、全体最適のためのシステム最適化を行う。この二段階を含めて、システム設計と呼ぶことにする。最近では、このシステム設計を実現するための手法の開発、ツールの開発が意欲的に行われている。ここでは、手法の一例について紹介する。

(2) パフォーマンス・サイジング[1]による全体最適化

図 4-5-1 にパフォーマンス・サイジングの考え方を述べる。この研究は、メカトロ機器の開発をより効率的に行うための設計手法の開発を目的とする。すなわち、従来は、基本設計、詳細設計、シミュレーション、試作といった段階を、機構、制御、電磁気、熱といった個別技術ごとに実施、最後に合わせ込みを行っていた。これだと、合わせ込みの段階で問題が起きた場合、大きなバックトラックが発生してしまい、性能面だけでなく、スケジュール面でも影響が大きい。パフォーマンス・サイジングの考えは、基本設計の段階で、機構、制御、電磁気、熱といった個別技術を統合したシステム設計環境を構築、小さなバックトラックで調整（全体最適化）を行おうというものである。ただ、基本設計段階では、FEM等の詳細なシミュレーションは適当ではないために、離散系のシミュレーションを適用している。

個別技術の統合環境（基本設計）の結果は、その後の詳細設計で使用される3次元CAD、制御系CADに、図 4-5-2 に示すように、分散協調化で統合されている。基本設計段階での設計パラメータを、詳細設計段階のCAD、CAEへ受け渡すことによって、基本設計と詳細設計をシームレスに結合している。

第4章 具体的にどんな設計手法がどう役立つか

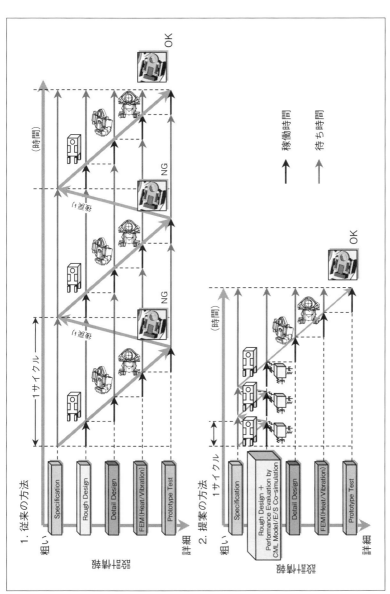

図 4-5-1 パフォーマンス・サイジングの考え方（従来法との比較）

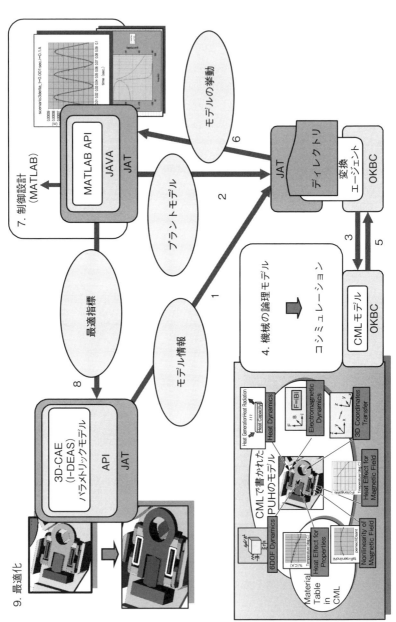

図4-5-2 分散協調下でのシステム設計

第5章 設計手法適用事例

本章では設計手法が、具体的に製品開発にどのように適用され、効果を上げているか、また、適用はしているが、どのような問題があるのかについて紹介する。

5.1 ノートPCの設計

5.1.1 ノートPC開発の特徴

ノートPCのようなコンシューマー向け製品の場合には、これから開発する製品が想定する顧客のニーズに合っているかを事前に検証しておく設計法が必要となる。また、最近のPCは非常に高性能なプロセッサを搭載しているために冷却が問題となる。特にスペースが制約されるノートPCの場合には大きな課題となっている。このため、冷却しやすい構造、仕組みを考える設計法が必要となる。また、ノートPCは製品サイクルが短い製品である。したがって、廃却／リサイクルを考慮した材料の選定、解体のしやすさを考慮した設計法が必要となる。このほかにも、落としたときにも壊れにくい、携帯性に優れる、キーボードが打ちやすい、画面の見やすい等の人間工学を考慮した設計法がノートPC開発の特徴といえる。

製品開発全体で考えた場合には、低コスト化と顧客ニーズの両立、海外展開、部品メーカーとの協調（協業）も重要となる。一方で、十分に成熟した分野であり、二の矢、三の矢を継続的に出していく戦略性も不可欠である。

なお、ここで紹介するノート PC の開発、設計の内容は特定のメーカーに限定するものではなく、すべてのノート PC に共通するものである。

5.1.2　ノート PC 開発上の制約

図 5-1-1 にノート PC 開発上の設計項目の代表例を示す。基本的には、CPU、メモリ、HDD、ディスプレイサイズ、電池といった構成部品を、A4 サイズ、B5 サイズといった筐体にいかに配置するかといった一種のレイアウト設計であるが、自由にレイアウトできるというわけではなく、マン・マシン・インタフェースの観点からも自ずと各構成部品の位置は制限される。このために、非常に制約の強いレイアウトとなっている。

また、最近では CPU 性能が飛躍的に向上しており、ユーザーにとってはうれしい限りであるが、ノート PC の設計者にとっては、熱設計（冷却設計）という難題が待ちかまえている。ディスクトップ PC の場合には、スペース的にも、電力的にも熱設計は比較的容易であるが、ノート PC の場合には、いずれも制約を受け、熱設計については極限に達している。また、CPU の発熱量がある値以上になると、現在の冷却技術ではファンによる強制冷却を採用せざるを得ないが、この場合には騒音の問題が出てくる。このほかにも、電磁ノイズ、構造強度（通常時の使用下、落下等のアクシデント時）といった基本課題もクリアしなければならない。

5.1.3　ノート PC 設計上の特徴

ノート PC の設計はいくつかの特徴を有する。第一に、開発期間が非常に短いと

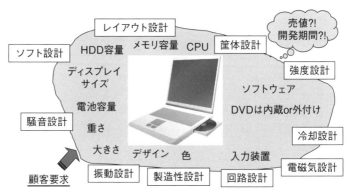

図 5-1-1　ノート PC 開発上の設計項目

いう点である。これは、CPU性能が短いスパンで向上するという背景による。したがって、試作して、性能をチェックして、問題があったら設計に反映してという通常の製品開発の手順が適用しにくい。第二に、液晶ディスプレイ、CPU、HDD、電池、メモリ、DVD、OSといったノートPCを構成する主要部品の大半が購入品であるということである。このため、一歩これらの部品のトレンドを見誤ると、他社との競争力をなくしてしまうという危険性をはらんでいることを意味する。また、大半が購入品ということは、必ずしも大規模な生産システムを必要とせず、誰でも作ろうと思えば作れる状況にある。

また、ノートPCが感性商品であるという点である。性能に差がない（基本的に、部品性能で決まってしまうため）現在、**いかに人の琴線に触れる製品に作り上げるか、これがある意味で（商売上の）最大の設計ポイント**かも知れない。

5.1.4　ノートPCの設計に必要な個別技術

ノートPC設計のための技術として、現状では、**熱設計技術、強度評価技術、配置設計技術、電磁ノイズ予測技術、騒音予測技術**等の個別技術が使われている。

熱設計技術は、ノートPC内の発熱機器を熱源としてモデル化し、各部の温度を予測するものである。しかしながら、ノートPC内の機器は熱解析的には非常にモデル化が難しい。ミクロに見ると、多くの部品はベースと点接触の状態にあり、このような状態での特性を解析的に求めることには無理がある。また、プリント基板のように種々の材料で多層に構成されているものの特性も予測困難である。したがって、このような場合には、要素ごとに実験を行って、熱特性をマクロに把握し、各要素をモデルでつなげるという工夫を行っている。このようにすることにより、シミュレーションの効率を上げるとともに、予測性能の向上にもつながる。ただし、このような熱設計の手順は、主要構成部品が開発段階で入手可能であり、実験自体も比較的容易であるというノートPCの特殊性によるところが大きい。次世代パワーデバイスの開発の際には、まったくの新規構造、新規材料の採用も考えられ、このような場合には、詳細なシミュレーションが必要となってくる。

強度評価技術は、対象とする機器をFEM等の手法を用いて、外力に対しての応答（応力、変位）を予測するものである。液晶ディスプレイ開閉によるヒンジの強度、通常使用時のパームレスト部およびその下部内蔵物（HDD等）の強度に代表される静的あるいは準静的挙動に関しては、境界条件の設定、外力のモデル化を適

切に行えば、十分性能予測可能な結果が得られる。一方、液晶ディスプレイを強く閉めたときの強度や、誤ってノートPC本体を落としてしまったときの強度の評価は一種の衝撃解析であり、シミュレーションで予測することは困難である。したがって、現状では、実物を使って、衝撃試験を行うのが精度面でも現実的である。しかしながら、一般に衝撃現象というのはばらつきの多いものであり、被試験体をいくつにしたらいいのか等の問題が残る。したがって、今後は、ある程度の実験は行いつつも、ばらつき等の評価はシミュレーションで行えるようにすることが重要と考える。これは、次世代パワーデバイスにおける絶縁破壊等の問題にも共通する課題である。

　配置設計技術は、前述したようにノートPC設計の場合には、各部品の配置の自由度が制限されているために、特別な手法を使うことはなく経験的に行っている。しかしながら、今後ますます設計制約が厳しくなっていくことを考えると、何らかの手法の導入が必要と考える。その際、重要となるのは、物理的な干渉だけでなく、熱問題、電磁ノイズの問題、重量バランスの問題等を考慮できる配置設計技術の開発である。次世代パワーデバイスの場合にも、同様の状況にあると考える。

　電磁ノイズ予測技術は、対象とする周波数が高いこともあり、シミュレーションによる評価が困難なものの一つである。非常に単純な構成に関しては、解析解が用意されているようであるが、一般的な構成に対して万能なツールはない。また、最近ではいわゆる汎用ツールも出てきているが、精度面ではまだ実用の段階ではない。したがって、現状では、実験ベースの評価が主体となっている。今後は、熱設計技術のように、一部要素に関しては実験でデータを取得し、実際の構成に対しては実験データをベースとしたシミュレーションを行う等の工夫が必要と考える。

　騒音予測技術も、電磁ノイズ予測技術と同様の状況にある。一般的には、建築音響技術など非常に歴史が古いこともあって、データベースがしっかりしている分、予測技術としては、ある程度可能ではある。しかしながら、ノートPCにように小型機器で、音響的に複雑な構成の場合には、従来のデータベースが使えないことが多い。冷却用ファンからの直接音、筐体を介しての伝播音、の混在であること、また、比較的、音源に近いところでの騒音が問題となるため、精度が要求されるなどの問題がある。幸いなことに、現在は、まだ騒音は問題となっていないが、今後、CPU性能が上がっていくにつれて、冷却と関連して、騒音がより大きな問題となってくると考えられる。

第5章 設計手法適用事例

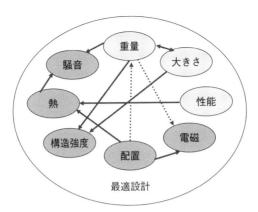

図 5-1-2　ノート PC の各設計項目間の関係

　以上、述べたのはノート PC 設計のための個別技術である。これらの設計項目がお互いに独立であれば、個別に最適化をすればいいのであるが、実際には**図 5-1-2**に示すように、各設計項目はお互いに相関関係を有している。例えば、"熱"は"CPU 性能"、"配置"に制約され、"騒音"に影響を与える。すなわち、**複数因子条件下で設計を最適化する必要がある**。従来は、このような設計最適化の作業を人間が"勘と経験"で行っていたが、人間系による作業では精度的（個人によるばらつき等）、時間的に限界がある。そこで、最適化手法による設計支援が最近注目を浴びている。

5.1.5　熱シミュレーションによる設計支援

　ここでは、現状のノート PC 設計で最も注力している熱設計に関して、少し詳しく述べる。ノート PC に使用される CPU の性能は 5 年で 10 倍（10 年で 100 倍）向上している。これに比例して（線形比例ではないが）、CPU の発熱量も増加している。**図 5-1-3** に冷却方法と CPU 性能（発熱量）の関係を示す。ノート PC 普及当初は自然空冷による冷却であったが、CPU 性能の向上により、最近ではファンによる強制空冷が多くなっている。自然空冷／強制空冷の境目は CPU の発熱量で 5W 程度である。また、強制空冷といっても、常にファンが回っているわけでなく、負荷に応じてファンの ON/OFF を行っている場合が多い。一方、CPU 性能が将来的にさらに現状の 10 倍、100 倍となった場合を考えると、現状のファンによる強制空冷にも限界が見えてくる。この領域については、熱設計の解は現状ない。

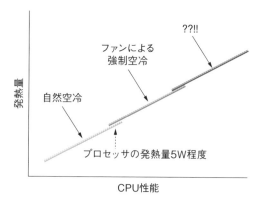

図 5-1-3　CPU 性能、発熱量と冷却方法の関係

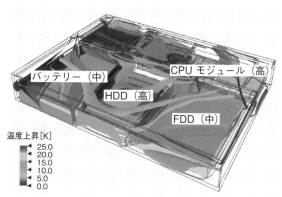

自然空冷の場合の温度上昇分布を示す

図 5-1-4　ノート PC の熱シミュレーション

　図 5-1-4 に熱シミュレーションの例を示す。シミュレーションは汎用の熱解析ツールを使う場合もあるし、熱回路網を使って簡便に行う場合もある。いずれの場合も、基本データを実験でいかに取得しておくかが重要であり、結果に大きな差異はない。熱設計とは、対象領域の温度をできるだけ均一に低くすることであり、熱シミュレーションはできるとしても、設計のアイデアは設計者自身の技量によるところが大きい。

5.2 宇宙機器の設計

5.2.1 宇宙機器開発の特徴

　宇宙機器は単品生産品で、事前の検証／試作が困難な場合が多い。したがって、通常の設計手法に加えて、固有の設計手法が必要となる。特に、宇宙機器の場合には打ち上げ後のトラブル対応が重要である。当然、最善の努力を払ってトラブルが発生しないよう設計をするわけであるが、不幸にしてトラブルが発生する可能性はまったくゼロではない。そのような場合に、対応できるような仕組み、構造を考慮する設計法が必要となる。これを一般にロバスト設計と呼んでいる。

　宇宙機器開発の場合には、実物での検証が困難な場合が多く、シミュレーションが強力な設計ツールとなる。しかしながら、シミュレーションは予測された事象についてのみ解を提示するわけであるから、いかにして発生するであろう事象を予測するかがポイントである。これはいわゆるリスクマネージメントと呼ばれている領域で、同製品分野の過去の知見、他分野の知見を総合的に設計に反映するナレッジマネージメントの技術も必要となる。設計の履歴、ノウハウをいかに残すか（できれば電子的に）非常に重要でかつ困難な課題ではある。

　また、宇宙機器に限らないが、国際協調、異分野との協調、顧客／下請け連携といったいわゆる協調設計も重要である。国際協調の場合、日本人には言語の壁という大きな障壁が存在する。これを最小化する意味でも設計手法の意義は大きい。

5.2.2 重力発生装置開発の事例[1]

　図5-2-1に示す機器は、国際宇宙ステーションへの搭載を目的に、JAXA/NASAで共同開発したもので人工重力を発生させる機能を持つ。NASAの運用計画の見直しにより、残念ながら、2005年秋に開発中止となったが、宇宙機器開発として有益な知見が得られた。

　この機器は、宇宙環境下で重力の大きさをパラメータとした生物実験を行うことを目的としたもので、将来、月、火星での人類の長期滞在を見据えた計画である。人工重力は、生物飼育箱を回転させることによって実現する。最大回転数42rpmで、最大重力2gを発生する。人工重力を発生させる本体をCR（Centrifuge Rotor）、CRを格納するモジュールをCAM（Centrifuge Accommodation Module）と呼ぶ。CAMは国際宇宙ステーション（ISS: International Space Station）の一部を構成す

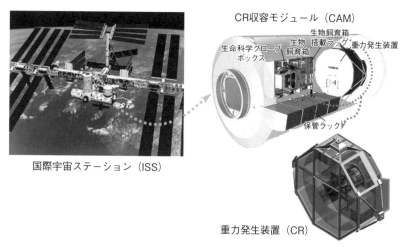

図 5-2-1 対象とする宇宙機器

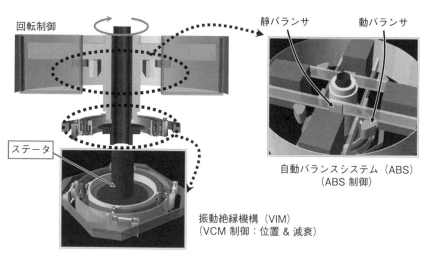

図 5-2-2 CR の構造

る。このうち、人工重力発生装置（以下、CR と略す）について紹介する。

図 5-2-2 に CR の構造を示す。CR は直径約 2.5m、質量 1200kg の回転体で、内部に生物飼育箱、回転駆動装置、その他の種々の機器を搭載する。回転体として、生物飼育箱の初期の不釣合いに加えて、生物飼育箱内部の動植物の成長に伴う漸次的質量の変化、動物の動きに伴う質量重心の変化による不釣合いが発生する。このような不釣合いが存在すると、CR が振動し、生物飼育箱の動植物に悪影響を及ぼ

すばかりでなく、CR の振動が ISS に伝わり、ISS 内の他の試験装置に影響を与える。そこで、これに対する対策が必要となる。

CR では基本的に、外部への振動を最小化するために振動絶縁機構（VIM：Vibration Isolation Mechanism）という非常に柔軟な機構で支持されている。図5-2-2 に示すように、VIM は並進3軸、倒れ2軸の独立したばねで支持され、さらに共振点通過時の変位を最小化するために、減衰機構を付加している。減衰機構は Voice Coil Motor を用いたアクティブ減衰機構と、磁気ダンパによるパッシブ減衰機構から成る。

また、回転体の不釣合いの除去に対しては、自動バランスシステム（ABS：Auto-Balancing System）[2] が回転体内部に搭載されている。ABS の動作原理は以下のとおりである。不釣合いによる回転体の振動は、柔構造の VIM の振動変位（並進2軸、回転2軸：並進の回転軸方向は不釣合いによって励起されない）として検知される。振動変位を並進成分、倒れ成分に分離、これに相当する不釣合い補正量（並進の場合は力、倒れの場合はモーメント）を算出する。一方、回転体内部には、図5-2-2 に示すように、静バランサ、動バランサの2種類（それぞれ2軸）の不釣合い修正機構があり、それぞれ、VIM 振動変位から算出された不釣合い補正量（力、モーメント）に相当する修正不釣合いを発生するように機械的に駆動される。静バランサは修正不釣合い力を発生するように並進2軸方向に、動バランサは修正不釣合いモーメントを発生するように回転2軸方向に、それぞれ動くように機構的に構成されている。上記の振動変位計測／不釣合い量算出／修正不釣合い量算出／静バランサ・動バランサ駆動、といった一連の作業は、フィードバック制御系によって実現される。

CR は上記のほかに、以下の機能、構造を有している。

- CR を覆うシュラウド
- CR がシュラウドに接触しないように変位を抑制するスナッパーとストッパー
- CR 内部の生物飼育箱に水を供給する機構
- 温度制御装置
- 電源供給、データ収録装置

5.2.3　開発プロセスの概要と適用手法

CR の設計は以下に示すプロセスで実施された。

①コンセプト設計：全体をどのような機構にするか、回転体の駆動方法は、回転体をどのように柔支持するか、等の CR のアウトラインを決定。
②機能設計：回転体を柔支持するとして、どの程度のばね定数／減衰定数にしたらよいか、この場合、顧客の振動スペックを満足するか、等の基本性能を満足していることを確認。
③配置設計：機構を構成するスペースは限られている。この限られたスペースの中に、機能を満足する機械システムを構築。
④構造設計：機械システムは種々の外乱に対して、十分な構造強度を有している必要がある。材料の選定、構造の決定、運用期間を考慮した構造強度設計の実施。
⑤製造設計：構造設計で決定した構造を製造する手順の決定。

上記の設計プロセスをイメージ的に示したのが、**図 5-2-3** である。CR 開発の特徴として、

- 多くの国、違った組織の技術者が参画する国際プロジェクト
- 宇宙機器ゆえ、地上での検証が困難
- 制御、柔軟構造物、磁気要素、流体構造連成、等が複雑に絡み合った大型機械システム

があり、その設計には戦略的にいくつかの手法を適用した。

Ⅰ　DSM による設計プロセスの最適化
Ⅱ　CAO（最適設計）による機能最適化設計
Ⅲ　CAE による統合シミュレーション
Ⅳ　CAD による情報共有

以下にその詳細を紹介する。

5.2.4　設計プロセスの最適化

大規模製品開発においては、設計プロセスを可視化し、関係者が情報共有できるようにするとともに、設計の手順を最適にし、無理無駄を省くことが重要である。 設計プロセスの最適化には、すでに述べた DSM（4.1.3 項(3)）が適用できる。

図 5-2-4 に CR 設計手順を DSM で最適化した例を示す。CR 開発では、ハードウェア（メカ、エレキ）、ソフトウェアの開発が一体となって進められる。したがって、全体を必ずしも正しく把握していない場合、設計の手順を最適化することは容易ではない。ここでは、設計タスクを 29 に分類、各タスク間の関係を決定、DSM

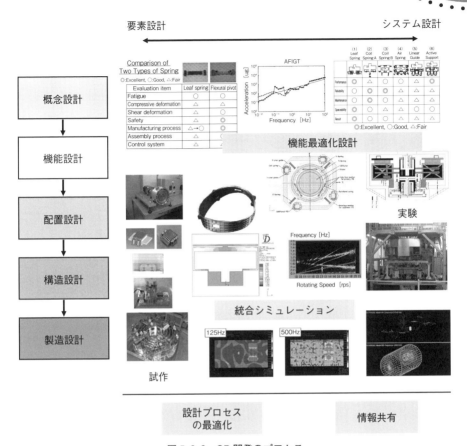

図 5-2-3　CR 開発のプロセス

でマトリクスのブロック化を実施、この結果に基づき、自動的に最適スケジュールを決定する。この方法により、従来の勘と経験に基づくスケジュール（9週間）を1週間縮めて8週間に短縮できた。

5.2.5　機能最適化設計

CR の心臓部である支持系の機能を左右するばね定数／減衰定数を最適化によって決定した。**図 5-2-5** にその手順を示す。機能設計段階では、モデルは詳細である必要はないので、回転部を剛体、支持部を並進2自由度（水平2自由度は同一定数のため、1自由度と換算）、倒れ1自由度（実際は2自由度だが、同一定数のため、1自由度と換算）の計3自由度でモデル化する。最適化計算は変位（できるだけ小

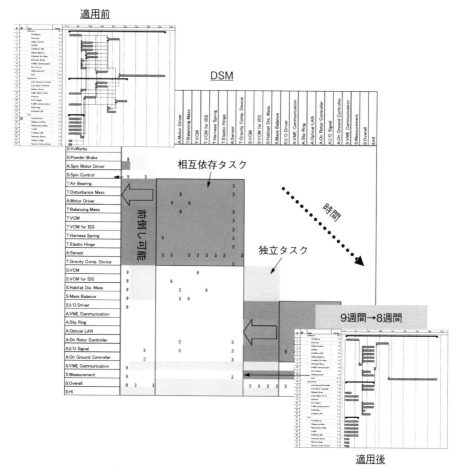

図 5-2-4 CR 開発スケジュールの DSM による最適化

さくしたい）を目的関数とし、加速度（顧客のスペックを満足）を制約条件とし、6 個の設計パラメータ（3 自由度×ばね定数／減衰定数）に関して実施する。対象とする解析モデルは 3 自由度の質点系モデルで表現される。最適化の手法はいろいろあるが、ここでは市販の最適化ツールを用いた。この一連の計算により、ばね定数／減衰定数が決定される。

　最適設計で最も重要なことは、目的関数、制約条件をどのようにして決めるかということであるが、同様に、設計パラメータの上下限の設定も重要である。なぜなら、設計パラメータは自由に選べるわけでなく、この場合には、具体的な構造をイメージし、ばね定数は最低どの程度まで可能か、減衰定数は最大どの程度まで可能

第5章 設計手法適用事例

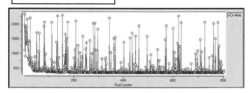

目的関数：変位
制約：加速度
設計パラメータ：Ks、Cs

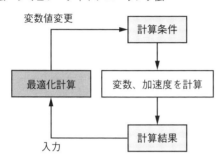

手法：シミュレーティドアニーリング法

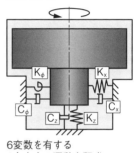

解析モデル

6変数を有する
3自由度の運動方程式

図 5-2-5　CR 基本機能の最適化

かを判断する必要がある。そして多くの場合、最適化された設計パラメータは、この上下限のいずれかに張り付く。

最適設計の最大の効果は、このようにして得られた設計値そのものにあるのではなく、最適設計の手順を踏むことにより、設計者がそれまで曖昧にしていた設計決定プロセスを明らかにし、論理的手順に従って設計解を自ら導出するところにある。

5.2.6　統合シミュレーション[3]

宇宙機器は重力の影響のため、地上でその性能を検証することは困難である。そこで、シミュレーションが性能検証の有効な手段となる。CR に場合には、機構、構造、制御、流体、電磁、騒音、衝突といった物理現象が絡むため、いわゆる、統合シミュレーションが必要となる。**図 5-2-6** に CR 統合シミュレーションの概略モデルを示す。CR のシミュレーションの難しさは、上記の物理現象のモデリングのみならず、CR が ISS と連成していること、地球の周りを回っていることもモデリングする必要がある点である。

図 5-2-7 にシミュレーション例を示す。ここでは、対象とする機構を剛体モデ

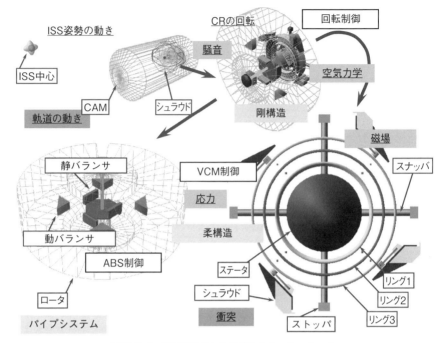

図 5-2-6 CR 設計のための統合シミュレーション

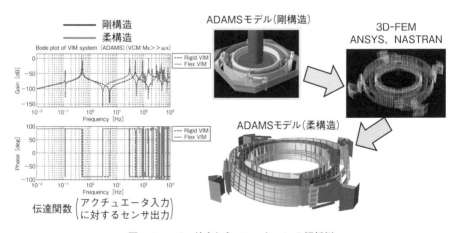

図 5-2-7 CR 統合シミュレーションの解析例

ルとした場合、柔軟構造とした場合の比較を示す。計算時間の観点から、剛体モデルを採用したいわけであるが、この結果は構造体の剛性が無視できないことを示している。このように、実際に統合シミュレーションを実行するには、きめ細かい検

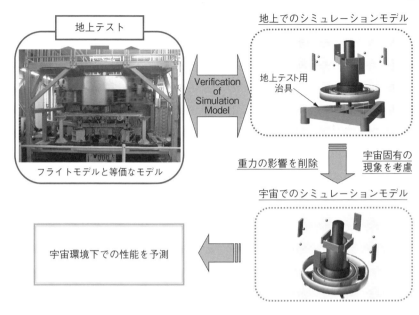

図 5-2-8　CR 統合シミュレーションの V&V 手順

討を積み重ねる必要がある。

次に、疑問となるのは、大変な思いをして統合シミュレーションを実施したが、本当にそこで得られる結果は正しいのかということである。そこで、図 5-2-8 に示す手順でこの疑問に答えることにした。すなわち、重力の影響を可能な限り排除した地上試験を実施する。この地上試験装置の統合シミュレーションモデルを作成、シミュレーションを実施する。この**シミュレーション結果と、地上試験の結果を比較することにより、統合シミュレーションモデルの妥当性を確認する**。このようにして、妥当性の確認された地上試験装置用統合シミュレーションモデルを、宇宙用統合シミュレーションモデルに拡張する。この手順は、その妥当性を数学的に証明するものでないが、このようにして得られた統合シミュレーションモデルは設計に適用可能と考える。

図 5-2-9 に地上試験装置用統合シミュレーションモデルによるシミュレーション結果と、地上試験装置による試験結果の比較を示す。この結果から、両者はよく一致しており、統合シミュレーションの有効性が確認できた。

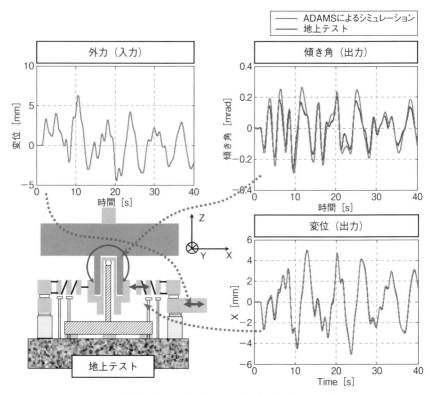

図 5-2-9　CR 統合シミュレーションの V&V 結果例

5.2.7　協調設計に必要な情報共有[4]

　CR のような大規模プロジェクトの場合、参画しているメンバーがどのように情報共有して設計を進めるかが非常に重要である。一般に、協調設計と言われている領域である。伝言ゲームを例に取ると、人から人への伝達率（情報が正しく伝わる割合）を 0.9 とすると、10 人を介すると情報の伝達率は 0.35 にまで劣化する。したがって、**情報の伝達率をいかに高めるかが協調設計の鍵となる**。

　図 5-2-10 は、協調設計を行う際の情報共有の仕組みである。顧客は製造側と仕様要求について協議する。仕様が決定すると、製造側は内部で検討した結果をわかりやすい形で顧客に提示する。これを繰り返すことにより、顧客の要求が製造側との協調作業を通して具体化する。製造側では、製品に関する情報データベースを中心にすえ、製品開発に関わるすべての技術者はいつでもどこでもこの情報にアクセス、お互いにコミュニケーションをとることができる。製品データベースには、

第5章 設計手法適用事例

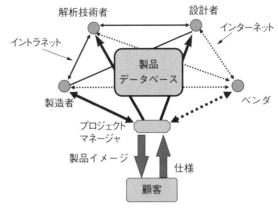

図 5-2-10　協調設計の際の情報の共有の仕組み

3D-CADのモデル

実物

図 5-2-11　3D-CAD による情報の共有

CAD、CAE のみならず、メールのやり取りの履歴、DR（デザイン・レビュー）の議事録も含まれる。情報はできるだけリアルな方が望ましく、**図 5-2-11** に示すような 3D-CAD 情報は有効である。

5.2.8　あるべき設計プロセスと設計手法

すでに述べたように、さまざまな設計手法が世の中には存在する。しかしながら、実際の製品にこのような設計手法を適用しようとすると、多くの場合限界にぶつかる。これは、**手法の多くが、物事がちゃんと決まっていることを前提としているのに対し、実際の設計は多くの曖昧性を容認しながら、進められるからである**。CR 開発を通して得られた、設計手法を援用したあるべき設計プロセスを**図 5-2-12** に示す。すなわち、これらは、

127

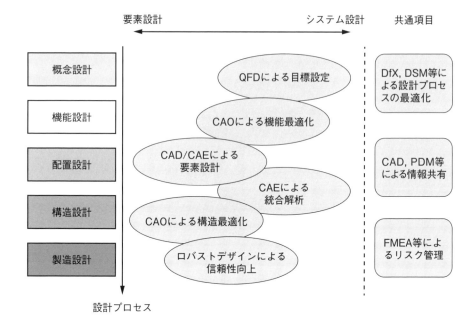

図 5-2-12　あるべき設計プロセスと設計手法

- QFD による目標設定
- CAO による機能最適化設計
- CAD/CAE による要素設計
- CAE による統合シミュレーション
- CAO による構造最適化設計
- 信頼性最大化のためのロバストデザイン
- DfX、DSM による設計プロセスの最適化
- CAD、PDM による情報共有
- FMEA 等によるリスクマネージメント

からなる。

それぞれの設計手法は特殊なものではないが、設計プロセス全体を通して選択的でなく、包括的に適用することにより、効果を最大化することが可能となる。

5.3 メカトロ機器の設計

5.3.1　メカトロ機器設計の現状

メカトロ機器設計の現状と目標とするプロセスを図 5-3-1 に示す。最初に概念

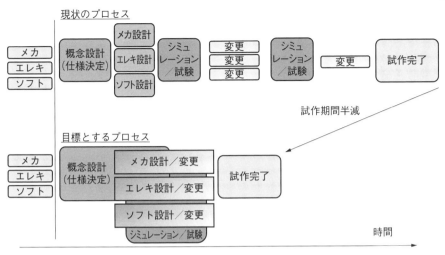

図 5-3-1　メカトロ機器設計の現状と目標とするプロセス

設計を行い、その後、機構、エレキ、制御などの各設計が行われる。この場合、概念設計が不十分であると、試作段階で不具合が生じ、後戻り設計が発生する可能性が高まる。概念設計段階では、ローラの位置や半径、搬送媒体の経路や移動時間等を大まかに決定する。メカトロ機器設計は、メカ設計、エレキ設計、ソフトウェア設計が渾然一体となって進行する。**問題は、メカ設計、エレキ設計、ソフトウェア設計が同時進行するにもかかわらず、三者間の連携が希薄である点である**。このため、試作段階になって問題が発生し、後戻りすることが少なくない。三者間の連携をある枠組みの中で具体化する必要がある。

5.3.2　メカトロ機器設計と設計手法

　メカトロ機器設計においても、その成果は、最終的には 2D または 3D-CAD の図面で表現される。しかしながら、これは設計結果のあくまで表現技術であり、実際のメカトロ機器設計には多くの設計手法を適用できる可能性を秘めている。ただし、現実には、メカ設計、エレキ設計、ソフトウェア設計の切り分けは容易ではない。開発期間が短いなどの制約により効果的に設計手法が適用できているわけではないからだ。

　ここでは、以下に、メカトロ機器設計への分散協調設計技術の適用事例、DfX 手法の適用事例を示す。

5.3.3　メカトロ機器設計への分散協調設計技術の適用

(1) なぜ分散協調設計技術が必要か？

顧客のニーズをタイムリーに捉え、顧客のニーズがホットなうちにタイムリーに製品を提供することが望まれる。これを実現するためには、時空間を超えた、顧客／製造業一体型のものづくりの仕組みが必要である。このような状況の下、筆者らは顧客と製造業が一体となり、顧客の望む製品を早く安く提供する仕組みPOD[5]を提案した。図5-3-2にそのコンセプトを示す。PODは従来のCAD/CAEといった設計の基盤技術を取り込みつつ、これを最大限活かす仕組みである。この中核をなすのが"分散協調設計技術"である。ものづくりの多様化に伴って、ものづくりのシステム自体が複雑化してきている。これによる設計・製造の遅延、ミスによる損失が製造業にとっての致命傷とも成りかねない。"分散協調設計技術"はこれに対して何らかの支援を行うものである。"分散協調設計技術"は2通りに分類できると考える。一つは、ネットワークを利用した人間系の分散協調設計、もう一つは、計算機援用型の分散協調設計である。"分散協調設計技術"の実現に当たっては、この両者のバランスが必要である。ここでは、計算機援用型の分散協調設計に関しての技術を紹介する。

(2) 計算機援用型分散協調設計技術

一般に設計は、基本設計と詳細設計に分けられる。この中で、製品開発の大勢を

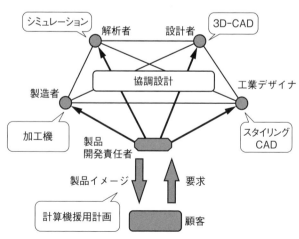

図5-3-2　POD（Product On Demand）のコンセプト

支配するのが基本設計である。基本設計がいい加減であると、詳細設計段階での後戻り作業が増え、開発期間、コストが増加するばかりでなく、製品性能、製品の信頼性そのものまで低下してしまう。設計の基盤技術として普及しているCAD/CAEはどちらかというと詳細設計で使用する個別設計型の計算機援用ツールと言える。確かに、CAD/CAEの導入によって、開発の効率は上がってはいるものの、別の見方をすれば、製図台がCADに、便覧等による手計算がCAEに置き換わっただけと言うこともできる。CAD/CAE活用の前提は、特にメカ設計の場合は、3次元形状がある程度固まっていることであり、これは設計がある程度進んでいることを意味し、基本設計段階での適用を難しくしている理由の一つである。

"設計プロセスの革新"の観点に立つならば、基本設計段階で、特に複数の設計者が関係する環境下において、設計の方向付けを支援する分散協調設計技術が不可欠である。基本設計段階の特徴は、製品イメージが固まっていない、各設計者が考えていることのベクトルが合っていない等々がある。このような状況で必要なことは、製品性能を(多少精度は悪くても)予測し、関係する技術者がそれを共有できること、混沌とした設計作業から設計の大きな流れをつくることである。現在では、これらの作業は人間系で行われているが、開発規模が大きくなると、自ずと人間系の作業には限界が出てくる。以下、これらに関して、筆者らが行っている研究の事例として、"パフォーマンス・サイジング"ならびに"DSMを応用したタスク・プラニング"に関して、その概念、適用事例について紹介する。

(3) パフォーマンス・サイジング

パフォーマンス・サイジングに関しては4.5節でシステム設計一つの手法として紹介した。ここでは、その詳細について説明する。

メカトロ機器設計は、メカ、エレキ、ソフトなど異分野の設計者同士の共同作業となるため、専門知識・用語や表現の相違などが障壁となり、設計情報の共有・相互理解が困難である上に、振動、熱、磁場、材料、コスト、環境負荷などの複合領域にまたがる複雑な設計制約は、解析・評価を非常に困難なものにしている。結果として、メカ、エレキ、ソフトの順にシリアルに設計が進む傾向があり、後流のプロセスにトレードオフ解決が先送りされることもあり、合理的な設計プロセスを確立する必要性が認識されていた。近年のCAD/CAE技術を活用したいわゆるコンカレント設計技術の進歩・普及は、各プロセスの期間短縮に一定の効果をもたらし

たが、総合的な性能検証が設計後期にならないとできないケースも多く、設計のやり直し（バックトラック）が発生しがちであった（図4-5-1の上半部）。これを解消するために、設計の初期段階で設計情報を集中定数系レベルで共有し、複合領域における性能検証を可能にする手法として"パフォーマンス・サイジング"がある[6]。設計初期の、製品の詳細形状がまだ確定していない段階においても、各専門家はそれぞれ製品性能に関する制約式など多くの有益な情報を持っているにもかかわらず、詳細データが揃っていないなどの理由で有効に利用していない場合が多い。それらを例えば連立微分方程式や非線形性テーブルなどからなる集中定数系モデルとして収集することにより、設計知識や製品性能の挙動を、他分野の設計者でも容易に理解・共有することができる。また、そのような不完全な設計情報でも、数値解析と実験計画法による影響因子の要因効果分析や田口メソッドによるパラメータ設計などの統計的手法を併用して分析すれば、設計代替案の選択指針など設計初期としては十分有益な情報が得られ、設計やり直しの削減が期待できる（図4-5-1の下半部）。

　筆者らは、このパフォーマンス・サイジングの実証環境構築のため、スタンフォード大 Center for Design Research（CDR）で研究中のネットワーク・エージェント・テンプレート技術に着目、オントロジー（設計情報のフォーマルな表現）による分散協調設計システムの情報共有プラットフォームを構築した。さらにこれに、同大 Knowledge Systems Laboratory（KSL）で開発されたモデル記述言語、Compositional Modeling Language（CML）とその挙動解析環境を設計制約解決エンジンとして統合するシステムを設計、開発した[7]。CML は、ウェブブラウザを用いて利用者が互いに入力情報の意味を確認しながら複雑な物理現象の挙動を宣言的に記述していくことが可能な言語環境であり、複雑に絡み合う設計制約モデルも容易に構築することができる。さらに、変数間の因果関係（causal order）を自動的に解析して数値解析可能な論理モデルを構築する解析実行環境を備えていることが特徴である。

　この CML 環境に、実際に DVD 用 PUH の設計制約を記述することによって実設計への適用の可能性を検討した。

　PUH（Pick Up Head）における駆動力と重心の位置誤差などに起因する有害な回転成分や、クロストークを評価するための6自由度ダイナミクス、駆動時のコイルの発熱に起因する支持部材の樹脂部材の温度上昇による材料特性の変化、磁気回路に用いられる永久磁石の磁界強度の温度依存性、磁場分布の非線形性といった、

第5章 設計手法適用事例

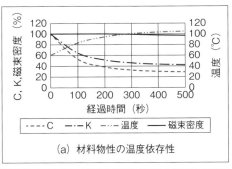

(a) 材料物性の温度依存性

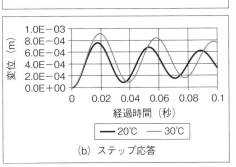

(b) ステップ応答

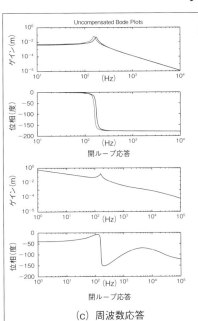

(c) 周波数応答

図 5-3-3　複合領域設計問題の同時解析

　実設計で問題となり、かつ相互に影響し合う物理現象を CML で宣言的に記述していった結果、複合領域問題の同時解析を実現（図 5-3-3）、CML が設計知識ベース記述に有効であることを確認した。

　この結果を受けて、次に、この CML 環境と、3 次元 CAD、制御系 CAD を、前記エージェントによる協調設計プラットフォームに組み込むことで、メカトロ設計の上流における早期性能検証が効率的に行えることを実証した（図 4-5-2）。このシステムの開発においては、CML 環境、3D-CAD、制御系 CAD の各専用ツールエージェントが受け持つタスクを、ツールで自動化する部分と、人間系に受け持たせるタスクとに適切に分配することに留意した。このようなタスク分配により、設計制約の大幅な変更が起きた際にも、知識ベースの更新が容易であり、モデル再構築のタスクも各専門ツールに分散され、モデルの更新や一貫性の管理が合理的・体系的に行えるという特徴が獲得される[6]。その結果、分散協調設計環境の課題であった、「仕様変更に迅速に対応できない」「労力を費やして複雑なシステムを構築するほど適用対象が限定されてしまう」というジレンマが解決され、実際的な分散協調設計システムの在り方の指針を示すことができた。

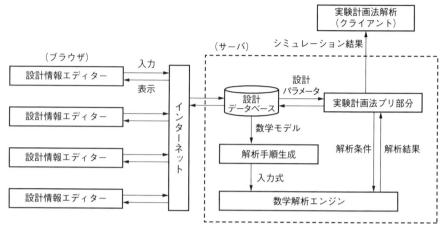

図 5-3-4 "パフォーマンス・サイザー"の構成

　以上の成果を実設計現場で設計者自身が手軽に実践できる環境として、ウェブブラウザによりインターネットを介して世界中どこからでもアクセス可能なデータベース環境と、挙動を解析する数値解析エンジン、および実験計画法や田口メソッドなどの統計的解析機能により最適化指針を導出するモジュールとを統合したツール「パフォーマンス・サイザー」を開発した（**図 5-3-4**）。その結果、設計者が持つ製品性能に関する制約式など多くの有益な情報を早期に容易に収集でき、影響因子の感度解析、ロバスト性解析などを行い、設計を効率化する環境を実現した（**図 5-3-5**）。これをメカトロ製品開発（DVD 用光学ピックアップヘッド（PUH）およびハードディスクドライブ（HDD）の実設計データで検証を実施、手法およびツールの有効性を実証した。

（4） DSM を応用したタスク・プランニング[8]

　DSM に関しては 4.1.3.(3) で DfX の一手法として紹介した。ここでは、DSM のタスク・プランニングへの適用例について述べる。

　実際の設計では、多数の設計者、タスクが複雑に関係して作業が進められる。特に、基本設計段階では、参入する設計者そのもの、タスクそのものが不明確な場合が多々としてある。ここで紹介するのは、このような複雑な関係にあるタスク、設計者間の作業を効率的に行うことを支援する手法に関するものである。従来、設計のプロセスを表現する手法として DSM があるが、筆者らは DSM をさらに設計レ

第5章 設計手法適用事例

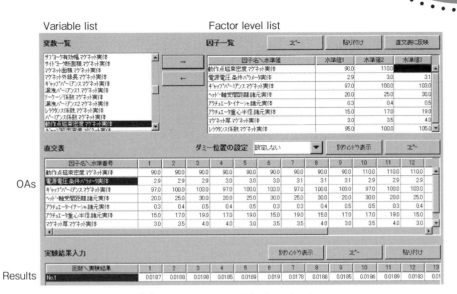

図5-3-5 "パフォーマンス・サイザー"のインタフェース

ビューの戦略的スケジューリングに拡張している。

図5-3-6にDSMの定義、プロセス最適化の手順の一例を示す。DSMは数式処理によってできる限りマトリクスの三角形要素を小さくするように計算される。DSMの対角右上要素がすべてなければ、設計プロセスとしては非常に単純なものとなるが、現実には図5-3-6に示すように、ある大きさの要素が残ってしまう。この要素の対角右上要素の数が有る意味でのフィードバック項となる。ここでは一義的に、このフィードバック項を最小にすることが、プロセスの最適化と考える。ある考え方に基づくと、フィードバック項の数を減らすことが可能である。例えばPartitioningという処理を行うことにより対角右上要素が11から8に減っている。さらにTearingという処理により対角右上要素の数を減ずることができる。ただし、この場合、最適なアルゴリズムはNPCompleteである。

上記に加えて、設計レビューの規模の最小化（参加数の最小化）の観点より、グラフ理論等を応用した手順を提唱している。図5-3-7にメカトロ機器の製品開発の基本設計段階での設計プロセスを最適化した例を示す。図5-3-7の上図はPartitioning Teering処理を行った結果、下図はさらに提唱する手順を加えた結果である。このようにFB（Feed Back）数、DR（Design Review）数いずれも改善されている。本手法が従来の手法より必ず良くなると言う理論的保証はないが、い

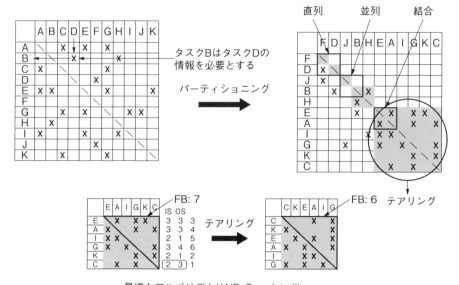

図 5-3-6　DSM の定義、プロセス最適化手順の一例

くつかの例で試した結果、いずれの場合も本手法の方が良い結果を示した。

　DSM 自体は非常に簡便な手法（ツール）であり、非常に拡張性が高い。ここで紹介した初期設計段階の設計プロセスの改善ばかりでなく、詳細設計段階での適用も効果的である。また、いわゆるスケジューリング問題への拡張も可能である。

5.3.4　メカトロ機器設計への DfX 手法の適用

　メカトロ機器設計においては、いろいろなフェーズで複数の機構案から一つを選択するという場面に遭遇する。従来、このような場合には日本固有の擦り合わせにより決定する場合が多かったように思う。ここでは、DfX の考え方に則って定量的に決定する方法について述べる。

　図 5-3-8 にある製品の機構要素の方式としての二つの案を示す。Single Roller と Double Roller の二つの方式である。この機構要素の役割は、1 枚もしくは複数枚（2、3 枚）の切符を分離、搬送するものである。したがって、切符を分離、搬送する機構としてどちらがどの程度優れているかを定量的に算出する必要がある。そこで、ここでは DfX の考え方に則って、Single Roller と Double Roller の各方式に対して、1 枚もしくは複数枚（2、3 枚）の切符を分離、搬送できないリスクを求

第5章 設計手法適用事例

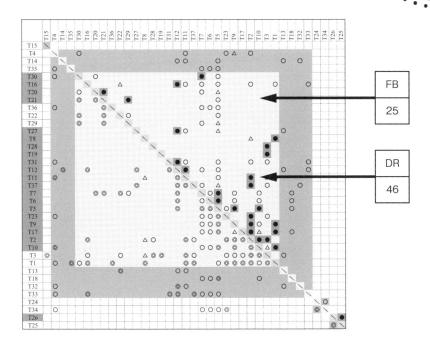

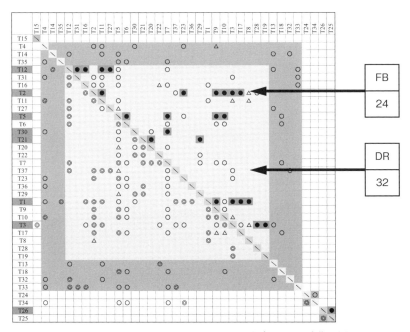

図5-3-7 メカトロ機器設計における設計プロセス最適化の例

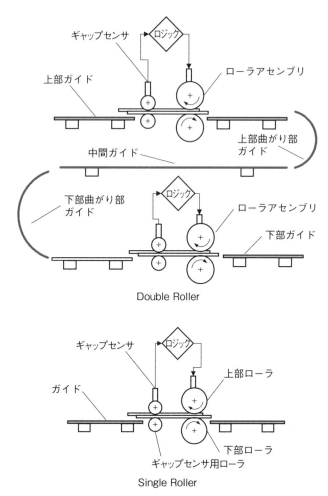

図 5-3-8　メカトロ機器設計における問題設定

めることにした。

　図 5-3-9 に上記目的のために DfX の考え方を具体的にどのように適用するかの"DfX の設計"を示す。この手順に従って、Single Roller と Double Roller の各方式に対して、1 枚もしくは複数枚（2、3 枚）の切符を分離、搬送できないリスクを求める。リスクを求める最終的方法は 4.1.3.(2) で述べた FMEA である。FMEA の実施に当たっては、当然多くの仮定が入るため、算出されたリスクは絶対的なものではないが、ここで必要なリスクは Single Roller と Double Roller の相対的なリスクであるため、以後述べる手法は実際の設計に十分に役に立つものである。

第5章 設計手法適用事例

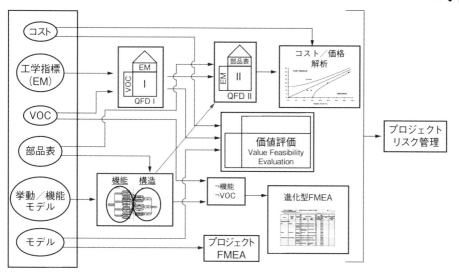

図 5-3-9　メカトロ機器設計のための DfX の設計

FMEA は以下の 4 種類の条件について実施した。
- Single Roller、1 枚搬送
- Single Roller、複数枚（2、3 枚）分離、搬送
- Double Roller、1 枚搬送
- Double Roller、複数枚（2、3 枚）分離、搬送

また、以下の仮定を設けた。

① 1 枚の切符を使用する時間は全体の 90 %

② 複数枚（2、3 枚）の切符を使用する時間は全体の 10 %

上記条件下で FMEA を実行するわけであるが、**FMEA を実施する際の最も重要な点は、故障モードをいかに抽出するかである**。熟練設計者が勘と経験でリストアップする場合もあるが、ここでは、図 5-3-8 の機構を、**図 5-3-10** の機能構造の木に展開、これを元に故障モードを抽出した。これを上記の 4 種類の条件について実施、**図 5-3-11** に示すように各条件での各故障モードのリスク RPN を算出、全故障モードのリスクを合計して累積リスクが求まる。

上記の手順で、上記の 4 種類の条件について算出した累積リスクをもとに、Single Roller と Double Roller の二つの方式に関してのリスクをまとめたものが**図 5-3-12** である。ここで重要な点は、4 種類の条件について算出した累積リスクに、

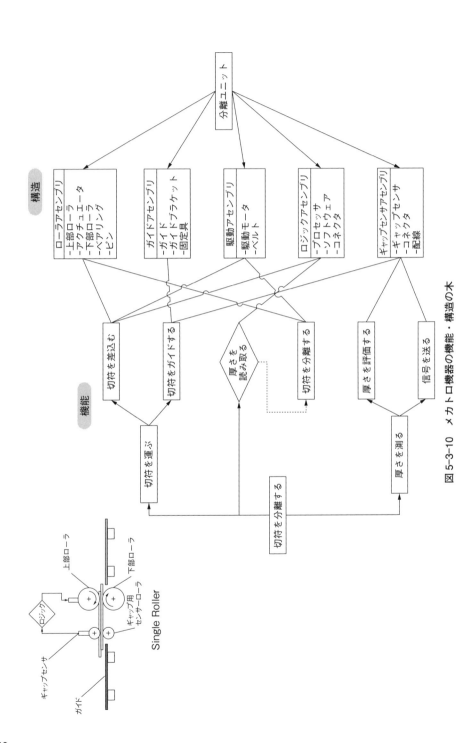

図 5-3-10 メカトロ機器の機能・構造の木

第5章 設計手法適用事例

システム： 分離ユニット（Single Roller, 複数枚分離, 搬送）
機　能： 切符を分離する
起案者： 大富

要求機能	故障モード	故障原因	発生頻度	直接的影響	最終影響	深刻度	予測方法	予測困難度	リスク値
切符を分離する									
切符を運ぶ									
切符を差込む	切符を巻き込まない	ローラ故障	1	切符を送れない	乗客がゲートを通過できない	9			9
	切符を巻き込まない	駆動モータ故障	1	切符を送れない	乗客がゲートを通過できない	9			9
	切符を巻き込まない	ベルト故障	1	切符を送れない	乗客がゲートを通過できない	9			9
	切符を巻き込まない	制御ロジック故障	1	切符を送れない	乗客がゲートを通過できない	9			9
	切符を巻き込まない	制御ソフト故障	1	切符を送れない	乗客がゲートを通過できない	9			9
切符をガイドする	切符をガイドしない	ガイドアセンブリ故障	3	切符がつかえる	乗客がゲートを通過できない	10			30
	切符をガイドしない	キャップセット故障	3	切符がつかえる	乗客がゲートを通過できない	10			30
厚さを測る									
厚さを評価する	厚さを評価しない	センサ故障	3	ローラが反転しない 切符が分離できない	乗客がゲートを通過できない	9			27
信号を送る	信号を送らない	配線故障	1	ローラが反転しない	乗客がゲートを通過できない	9			9
厚さを読み取る									
厚さを読み取る	厚さを読み取らない	ロジック故障	1	ローラが反転しない 切符が分離できない	乗客がゲートを通過できない	9			9
切符を分離する	切符を分離しない	アクチュエータ故障	3	ローラが反転しない	乗客がゲートを通過できない	9			27
	切符を分離しない	上部ローラ故障	3	ローラが反転しない	乗客がゲートを通過できない	9			27
	切符を分離しない	切符種	3	切符が分離できない	乗客がゲートを通過できない	9			27

精算RPN 231

図5-3-11 メカトロ機器のFMEA結果の例

	切符が1枚の場合 (～90%)	切符が2、3枚の場合 (～10%)	リスク予測値
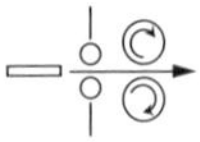 Single Roller	85	231	100
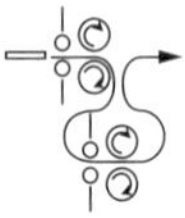 Double Roller	145	160	147

図5-3-12　累積リスクの種々条件下での比較

	切符が1枚の場合 (～50%)	切符が2、3枚の場合 (～50%)	リスク予測値
$Risk_{Single}$	85	231	158
$Risk_{Double}$	145	160	153

図5-3-13　累積リスクの種々条件下での比較（設定を変更した場合）

1枚もしくは複数枚（2、3枚）の使用頻度を考慮してリスクを求めている点である。図5-3-12の結果から、Double RollerはSingle Rollerより、約1.5倍リスクが高いことがわかる。この結果をよく見ると、複数枚（2、3枚）使用時にはDouble Rollerの方はリスクが低い（分離性能が高い）が、1枚使用時にはリスクが高い（搬送距離がSingle Rollerの2倍となるため、搬送時のリスクが増加する）。このように、リスクを定量化することにより、何が問題で、どのように対策をとったらいいかという議論を具体的に実施することが可能となる。ここで、強調したいのは出てくる結果（ここではリスク）ではなく、これを算出するプロセスである。プロセスを明確にすることにより、なぜ、このような結果になったのか、どうしたら改善できるのかという検討が可能となる。

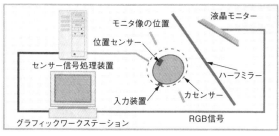
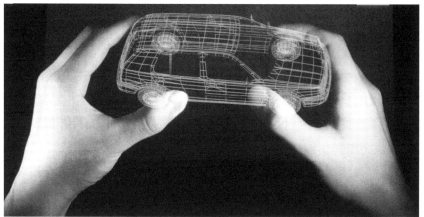

図 5-3-14　直感的に形状を操作できるスタイリング CAD

例えば、以下の仮定、

① 1 枚の切符を使用する時間は全体の 50 %
② 複数枚（2、3 枚）の切符を使用する時間は全体の 50 %

で、同様にリスクを算出すると、**図 5-3-13** のようになる。すなわち、1 枚もしくは複数枚（2、3 枚）の使用頻度が同程度になると、Single Roller と Double Roller の二つの方式に関してのリスクは同程度となる。ただし、これはあくまでリスクのみを評価した場合で、例えば、コストの概念を考慮すると、Double Roller は Single Roller に比べて、機構が複雑なため、それ自体のコスト、保守点検費用が高くなる。実際にはこのようなことも考慮しながら設計を実施する。

5.3.5　メカトロ機器設計の今後

メカトロ機器設計の今後を語ることは容易ではない。なぜならば、メカトロ機器開発は日本が得意とする分野で、設計手法でどうにかなるものではないからである。

したがって、設計手法が人間に代わって何かをしてくれるのではなく、人間の創造的思考を手助けしてくれるようなものが必要なのかもしれない。このような手助けをすることを目的とした図 5-3-14 に示すスタイリング CAD の開発を行った。これは、既存の CAD が画一的で人間の創造的思考の邪魔をしているのではないかという疑問から開発したもので、直感的に形状を操作できることを狙った。スタイリング CAD はその実用化にはいくつかの課題もあり、実際に設計に使えるレベルまでには達しなかったが、今後、いずれこのようなシステムが必要になるのではと考えている。

このほかにも、形状最適化が一歩進んだ機構の創成（ある条件化で機構を半自動で創成）も研究が進められている。

このようにメカトロ機器設計の分野は、その難しさゆえに、設計手法的には未着手の領域である。恐らく、多くの設計工学研究のシーズが埋まっているものと確信する。

第6章 これからの設計手法

6.1 設計の目指すところ

　本書では、よく見聞きする設計手法に関して、その効果と課題について述べた。一方、設計には原理原則が存在しても不思議ではない。設計を原理原則から考える試みとしては、吉川の「一般設計論」、N.Suh の「公理的設計」が有名である。いずれも技術者がその内容を理解するのは容易ではないが、その目的とするところが理解できれば、その詳細はともかくとして、その効用は見えてくる。

　例えば、設計者が経験的に知っている設計の法則として、

- 単純なものほど優れている
- 新技術は導入しない

の2点がある。これは、例えば、Suh の公理的設計で説明することはできる。ただ、説明できることと、設計に使えることは本質的に次元が異なる。今後は、本書で述べた設計手法を包括的に説明できる上位の考え方が必要のように思う。現在は、種々の設計手法が無秩序に世の中に溢れ、実際にこれらを使うべき立場の人は右往左往しているというのが正直なところである。製品分野、製品開発のステージ、設計者の置かれた状況に応じて、柔軟に最適な設計手法を選択使用できる考え方、枠組みを作っていく必要がある。

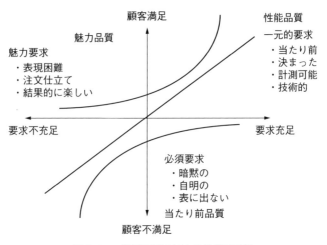

図 6-1-1　狩野モデルによる品質の定義

　ここで、設計の目的について考えてみたい。何のために設計するのかを図 6-1-1 の狩野モデルを用いて説明したい。狩野モデルとは、横軸に要求充足度、縦軸に顧客満足度をとり、ここに 3 つの品質を定義している。右下が"当たり前品質"で、あって当たり前でないと重大なマイナスとなるものである。車のドアが開く、ノート PC のふたが開く、テレビの電源を入れるとテレビが映るといったものがこの領域に相当する。製品開発の基本であるが、通常はあまり評価されないため動機付けが難しい。一方、リニアな線上が"性能品質"である。車の燃費が良い、ノート PC の電池の持ちが良い、テレビが綺麗に映るといったものがこの領域に相当する。性能向上の努力が、そのまま顧客満足度に比例する。ただ、この領域は目指すものがはっきりしている反面、どのメーカーもこの方向を目指すので過当競争となる。左上が"魅力品質"である。必ずしも、顧客調査からわかるわけではないが、顧客が意外性を持ってその製品に魅力を感じる場合である。乗って楽しい車、持っていてわくわくするノート PC、臨場感のあるテレビがこれに相当する。この領域は頑張ったからといって生まれるわけではなく、一種の感性が必要となる。

　一般に、設計といった場合、ほとんどが上記の"性能品質"に該当する。ただ、この領域は上述のように、製品の過当競争を生むため、あくまで製品の一生のある時期に相当すると考えた方が良い。したがって、**これからは魅力ある製品を生み出す"魅力品質"、真にロバストな製品を実現する"当たり前品質"に注目する必要がある**。製品の一生で言うならば、"魅力品質" → "性能品質" → "当たり前品質"

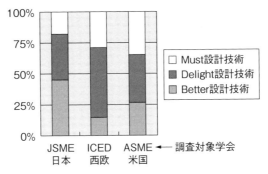

図6-1-2　設計工学の三大注力分野の日米欧比較

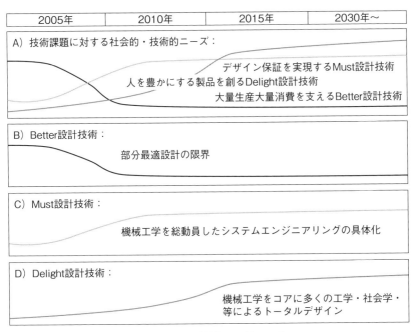

図6-1-3　設計技術ロードマップ

の順番になるのではないだろうか。

　上記の"魅力品質"、"性能品質"、"当たり前品質"を具体化する設計技術をここではそれぞれ、Delight設計技術、Better設計技術、Must設計技術と呼ぶことにする。これらは図3-6の設計基盤技術、設計知識技術、システム設計技術に対応する。設計関連の各国の会議のデータを元に、Delight設計技術、Better設計技術、Must設計技術への注力度合いをグラフ化したのが**図6-1-2**である。この図には日

米欧比較で述べたことがデータとしても如実に表れている。

今後の設計技術ロードマップを図6-1-3に示す。大量生産大量消費を支えてきたBetter設計技術は、淘汰され、本当に必要な技術が残る。一方、安心安全に関わるデザイン保障を実現するMust設計技術は急速にその重要性を増す。安心安全の先にあるのは、人を豊か（物質的にも精神的にも）にする製品を創るDelight設計技術である。

6.2 これからの設計手法としての1DCAE

6.2.1 1DCAEの目的とは何か

筆者らはものづくりの革新を実現する考え方、手法として1DCAEを提案している[1]。1DCAEという言葉は最近普及して来ているが、1DCAEの原点に立ち返り、今一度その目的、考え方を確認する。さらに、1DCAEの方法、"ものづくりの1DCAE"として3つの設計の事例を紹介する。一方で、実際に1DCAEを実行するのはひとである。そこで"ひとづくりのための1DCAE"として、現象理解の重要性とその例、現象理解の基本としての4力に触れる。最後に1DCAE普及に当たっての課題と対応について述べる。

日本人はやるべきことが明確になっていると地力を発揮する。これは日本人の欠点ではなく長所である。ということは自分でやるべきことが決めることができれば"鬼に金棒"である。仕様が与えられると頑張るが、自分では仕様が書けない状態を、仕様も書けて、これを具体化することもできるようにするのが1DCAEである。このためには少し考え方を変える必要がある。筆者らの世代は計算機がない時代を経験しているため、ものづくりのための多様な手段を知っている。したがって、計算機、CAD/CAEはあくまで手段の一つである。しかし現代の（特に若い）設計者にとっては計算機、CAD/CAEを前提としたものづくりになっているように思う。それ自体が悪いことではないが、その他の手段に触れる機会がなく、ものづくりに多様性があることを知る機会がない。1DCAEはこのような設計者にものづくりの多様性を教え、彼らの業務に活かして貰うのが大きな目的の一つである。最終的に目指すところは設計者の自分が創りたい（使いたい）と考えるような製品を柔軟な思考の元、実現できるものづくりの環境である。

図6-2-1に交差点＋コンパスの例を示す。人が交差点でどちらに行ったらいいか考えている。手持ちには地図はある。このとき、コンパスがあることによって人

第6章 これからの設計手法

図6-2-1　1DCAEの目的

は容易に行くべき道を知ることができる。この際、コンパスは高精度である必要があるであろうか。恐らく、コンパスであれば北か南かわかれば十分である。このように考えると地図と非常に簡便なコンパスさえあれば目的地に達することができる。コンパスがあることが重要なのであってその精度が問題なのではない。1DCAEはものづくりにおけるコンパスと言える。

6.2.2　1DCAEはどんな考え方か

　前項で地図とコンパスの話をした。ものづくりも一緒でガイドライン（仕様書）が地図で、指標（ものさし）がコンパスに相当する。日本のものづくりは"擦り合わせ"と言われて、地図もコンパスもなくても目的地に到達していた（ものができていた）。この資質はすごいと思うが、時代も変わってきている。欧米ほどでないにしても（欧米は逆にガイドラインと指標にものづくりが制約されている）、我々も自らガイドラインと指標を作ってものづくりをしてもいいのではというのが1DCAEの元々の発想である。欧米ほど過度でない日本流のガイドラインと指標に基づいたものづくり、これが1DCAEの目指すものづくりである。

　古代ギリシャ、古代中国、古代エジプトの建築物を見るにつけ、数千年前の人間があれだけのものを作り上げた（納期と工費も考えて）ことは驚嘆に値するが、よく考えてみると物事の原理原則は数千年前も現代も基本的に変わらない。変わったのは現象の一部が数式で表現できて計算機で評価可能となったことである。これはこれで素晴らしいし、多くの製品はこの恩恵を受けている。一方で、計算機の普及で失われたのが原理原則で物事を考えることである（すべてとは言わないが）。原

理原則で物事を考えたうえで計算機をうまく活用すれば日本のものづくりの将来は明るいと考える。このような背景のもと、1DCAEを提案し、下記のように定義して推進している。

「1DCAEとは上流段階から適用可能な設計支援の考え方、手法、ツールで、1Dは特に一次元であることを意味しているわけではなく、物事の本質を的確に捉え、見通しの良い形式でシンプルに表現することを意味する。1DCAEにより、設計の上流から下流までCAEで評価可能となる。ここで言うCAEはいわゆるシミュレーションだけでなく、本来のComputer-Aided Engineeringを意味する」

6.2.3 1DCAEによる全体適正設計

1DCAEでは、図6-2-2に示すように製品設計を行うに当たって（形を作る前に）機能ベースで対象とする製品（システム）全体を表現し、評価解析可能とすることにより、製品開発上流段階での全体適正設計を可能とする。全体適正設計を受けて（この結果を入力として）個別設計を実施、個別設計の結果を全体適正設計に戻しシステム検証を行う。

1DCAEでは製品開発目標を設定、これに則って概念設計、機能設計を行う。製品の機能を考えることにより、設計仕様を仮決定し、3D-CAE部分に受け渡す。3D-CAEでは1DCAEから受取った仕様に基づいて配置設計、構造設計、製造設

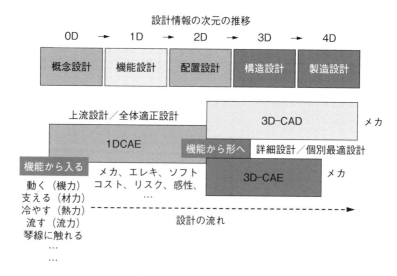

図6-2-2　1DCAEの位置付け

第6章 これからの設計手法

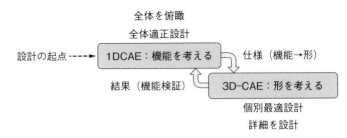

図6-2-3　1DCAEと3D-CAEの関係

計を行う。3D-CAEはいわゆる構造を考える部分であり、従来のCAD/CAEが威力を発揮する。3D-CAEの結果は1DCAEに戻され、システムとしての機能検証を行う。この1DCAEと3D-CAEの関係を**図6-2-3**に示す。広義の1DCAEとはこの1DCAEを起点とした3D-CAEも含む設計の枠組みである。

1DCAEは対象とする製品の価値、機能、現象をハード、ソフトにかかわらずもれなく記述し、パラメータ・サーベイを可能とする環境を構築する。目的に応じて、製品を使用する消費者、社会、経済、流通といった非物理現象（実はこちらの方が製品開発にとっては重要）も含む場合がある。

また、1DCAEと3D-CAEの関係は自転車の両輪と考えることもできる。1DCAEにより目標設定を正しく行うための方向付けを行い、3D-CAEにより目標に向かって加速することにより、全体として高い目標を設定でき、かつ、最短でゴールすることを可能とする。

1DCAEが目指すところをそのまま具体化するツールはまだ存在しない。しかしながら、物理モデルシミュレーションは1DCAEの考え方を具現化してくれる一つのツールとして有力である。一例として、物理モデルシミュレーションを用いた1DCAEによる稼働ステージの設計イメージを**図6-2-4**に示す。稼働ステージは稼働テーブル、これを駆動するモータ、機構、モータを駆動する制御（ソフト）からなっている。これを1DCAEの一つの姿である物理モデルシミュレーションで表現すると図6-2-4のようになる。**1DCAEの段階ではメカ部分の形状は気にしなくてよく、質量、ばね定数といった離散情報だけが必要である。この1DCAEで最適な質量、ばね定数を決定し、これを実現するように左上の3D-CAD/CAEを用いて形にしていく。** ここで決定された詳細情報から最終的な質量、ばね定数を1DCAEに戻し、稼働ステージとしての機能を検証する。

1DCAEは特殊な考え方ではない。昔から、技術者は対象としている製品をモデ

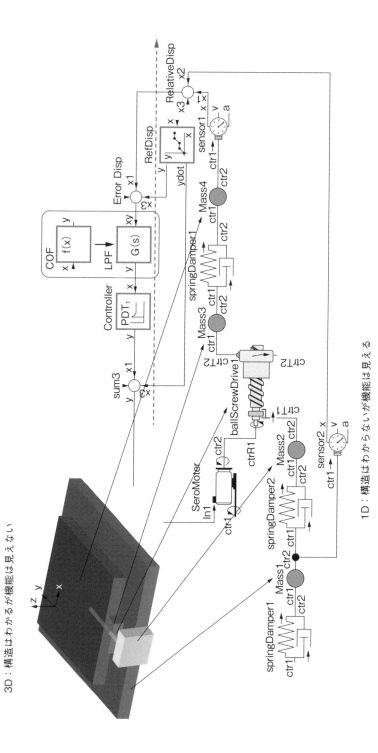

図 6-2-4　1D と 3D の比較

ル化したいと考え、自分の能力の範囲で時間をかけてモデル化、パラメータ・サーベイをしていた。しかしながら、最近は製品開発のサイクルが短くなり、このようなことでは間に合わなくなった。また、(狭義の) CAE の普及で開発効率は上がったものの、技術者の思考がワンパターン化し、価値ある製品の創出にブレーキがかかってしまった。1DCAE はこのような現状の課題に対して、一つの解を示してくれる可能性のある考え方、手法、ツールである。**物理的なことを理解していれば 1DCAE を用いて短時間で対象製品をモデル化することが可能である。**ここで目指す 1DCAE は上記の機能も有しながらより広範囲により柔軟に設計を支援する概念である。

6.2.4 ものづくりのための 1DCAE

1DCAE は設計の目的によって構成が大きく異なる。目的に応じて設計を 3 つに分類する。3 つの設計は狩野モデルを基本に図 6-1-1 に示したように Must 設計、Better 設計、Delight 設計に分類できる。

Ⅰ. Must 設計 ("当たり前品質" に相当)：デザイン保証が必須の設計。多くのトラブルはこの設計をないがしろにすることによって発生する。評価されにくいため取組みにくい領域であるが設計の基本である。リスクの最小化が目的となる。

Ⅱ. Better 設計 ("性能品質" に相当)：評価の判断が明確なために取り組みやすい領域ではあるが最終的にはコスト競争に陥る。コスト最小化、開発期間最短化、性能最大化が目的となる。

Ⅲ. Delight 設計 ("魅力品質" に相当)：デザインコンセプトが最重要となる設計である。多くのヒット商品はこの領域から生まれる。創発的な設計と思われがちであるが、技術、顧客要求の先取りがポイントとなる。例えば、心地よさ最大化が目的となる。

3 つの設計を念頭に置いた 1DCAE の製品設計への適用プロセスを**図 6-2-5** に示す。製品開発においては社会動向、顧客ニーズ、自社の強み等を考慮して目標を設定する。これを受けて設計が開始する。概念設計、機能設計においては 1DCAE の考え方に基づいて全体適正設計の枠組みの構築、評価を実施する。この部分は 3 つの設計によって内容が異なる。1DCAE で決定された仕様は 3D-CAE (個別設計) に受け渡され、メカ、エレキ、ソフト、意匠設計を実行、個別 V&V (Verification

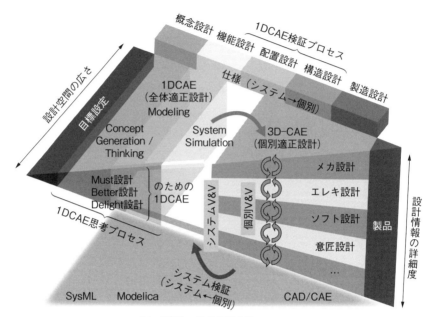

|3つの設計とその目的|Must設計：リスク最小化
Better設計：コスト最小化、開発期間最短化、性能最大化
Delight設計：心地良さ最大化|

図 6-2-5　1DCAE の設計プロセス

& Validation）が行われる。個別設計の結果は 1DCAE に戻され、システム V&V を行い、システムおよび個別の成立性を確認した後に、製品製造へと受け継がれる。1DCAE という全体適正設計の枠組みを設定することにより、新たな気付きを誘発、ものづくりの革新をもたらす。

以下、Better 設計、Must 設計、Delight 設計（説明の手順で上述の順番とは変えている）に関して特に 1DCAE 部分の具体例について紹介する。

(1) Better 設計と 1DCAE

医用機器を対象とした Better 設計（コスト最小化）における 1DCAE の適用例を示す。

図 6-2-6 に 3D-CAE/CAD を基本とした従来手法を示す。構造物の軽量化を実現することによりコスト削減を狙ったものである。具体的には、一定荷重下で構造体の変位が許容値内になる制約条件のもと、構造体の長手方向の厚さ分布を重量が

第6章 これからの設計手法

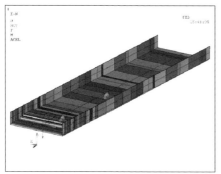
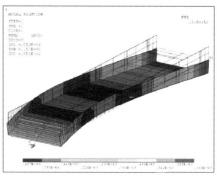
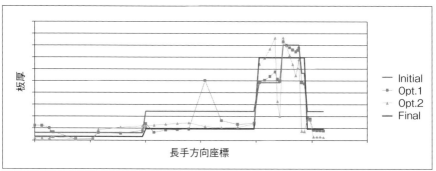

図 6-2-6　3D-CAE/CAD を基本とした従来手法

最小となるように形状最適化を行った。図 6-2-6 の下図が形状最適化の結果得られた板厚分布である。初期板厚に比べて大幅に板厚を薄くできたことがわかる。このように、形状最適化により大幅な重量削減は可能となったが、コスト削減効果は 10 % 以下であった。自動車、携帯機器の場合には軽量化が燃費向上、携帯性向上といったコスト削減以上の価値に結び付くが、図 6-2-6 の例では軽量化が製品価値向上には結びつかなかった。

そこで単なる重量削減等によるコスト削減ではない本質的なコスト低減を目的に 1DCAE の適用を行った。**図 6-2-7** にその適用プロセスを示す。1DCAE 部分では市場・顧客分析により顧客要求を抽出、さらに機能から構造に展開する。この部分で本質的なコスト低減のアイデアを複数創出する。創出された複数のアイデアに対して機能設計を実施、性能予測（メカ・エレキ・ソフト統合解析）を実施、同時にコスト予測も行うことによって、設計上流での性能、コストトレードオフ問題に導いた。ここで得られた複数の案から性能／コスト比の高い案を選定、その製品仕様

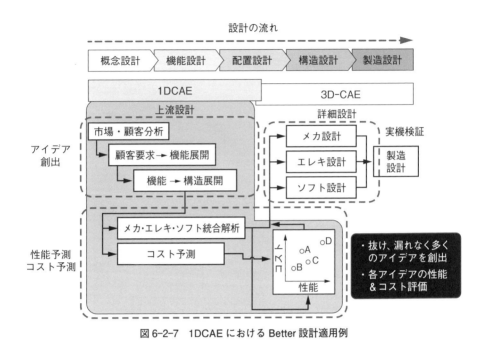

図6-2-7　1DCAEにおけるBetter設計適用例

をもとに詳細設計／個別設計へと展開した。この1DCAEの考え方、手法により従来の設計法では得られなかった新しいコンセプトも生まれた。図6-2-7に示す1DCAEを適用することにより、40％を超えるコスト削減を実現した。具体的には性能を維持改善したうえでコスト削減が可能な駆動方法の採用、モータ等のコストの高い要素部品の限界設計が大幅なコスト削減に寄与した。これらは3D-CAE/CADによる詳細設計段階では実現できなかったものである。

図6-2-8には1D（1DCAE）と3D（3D-CAE/CAD）の間のデータの流れを示す。1Dでは設計案の性能をシステムシミュレーション（メカ・エレキ・ソフト統合解析）で予測、速度ムラ等が規定値内で収まっていることを確認、あわせてコスト削減効果も確認した。1Dで決定した質量、ばね定数、減衰係数等の基本情報をもとに、3Dで形状設計、性能設計（変位、応力）、製造設計を実施、最終的に求めた形状情報を1Dに縮退して1Dに戻し、要求仕様を満足していることを確認した。

(2) Must設計と1DCAE

Must設計の目的はリスクを予測し、事前に対策をとることにある。従来のリス

第6章 これからの設計手法

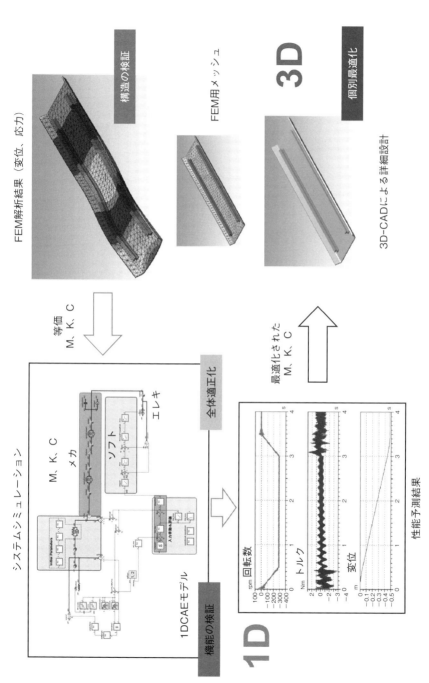

図6-2-8 1D⇔3Dのデータの流れ

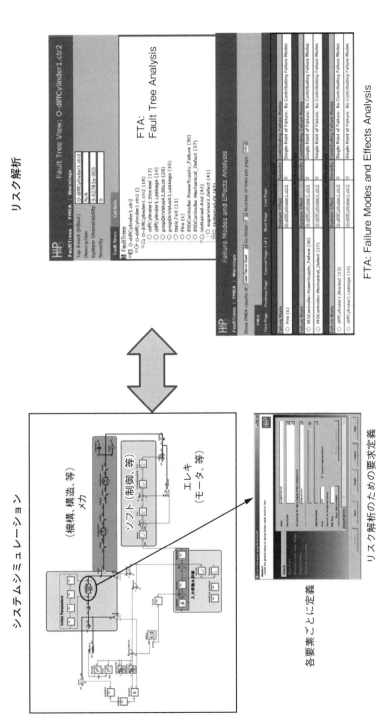

図6-2-9 1DCAEによるMust設計適用例

ク評価は図5-3-10に示したように機能・構造木を作成し、ある機能が作用しなかった場合にリスクがどのように伝播するかを人間系で行っていた。この方法だと実施する人によるばらつき、抜けが生じる可能性がある。

一方、1DCAEでは各機能、各構造の関係が**図 6-2-9**に示すようにシステムシミュレーションモデルとして計算機が理解可能である。この性質を利用してリスクエンジン[2]を取り込むことにより、図6-2-9に示すようにMust設計、すなわち、リスク解析の自動化が可能となる。この場合、各要素のリスク表およびイベントは設計者が定義する必要があるので、現象をちゃんと理解しておく必要があるのは言うまでもない。

(3) Delight 設計と 1DCAE

掃除機（家電機器）を対象としたDelight設計（心地良さ最大化）における1DCAEの適用例を**図 6-2-10**に示す。従来、製品が発する音は騒音と呼ばれ、その大きさを低減することに注力していた。この流れは現在も続いているが、ここでは視点を変えて音を製品の一つの価値として捉える音のデザインという設計手法を提案した（4.2.7参照）。音を騒音でなく価値として捉えるには、音に関する顧客の潜在的ニーズの抽出が必要である。顧客のニーズは多様であるため、これを考慮した顧客設定が重要である。

一方、騒音の場合は騒音レベルという確立した設計指標が存在する。音を価値と考える場合には、心地良い音を設計者が理解可能な指標に落とし込み、目標とすべき音を設定する必要がある。この顧客ニーズの抽出、音のものさしの策定、目標音の設定がDelight設計における1DCAEである。1DCAEで得られた仕様（音のものさし上の目標音）に基づいて製品設計を実施、試作品の音を音のものさしにマッピングして性能検証を行い、最終的に目標を満足する音質を有する製品開発が実現できた。具体的にはモータをばね支持構造（従来はモータを吸音材で囲んでいた）するという簡単な構造で心地良い音を実現した。1DCAEに基づくDelight設計を適用しなければこのような構造は生まれなかった。このDelight設計は製品開発の初期段階からBetter設計、Must設計と一体で実施したため、心地良い音を実現するための新たなコストの発生、性能への影響もなかった。

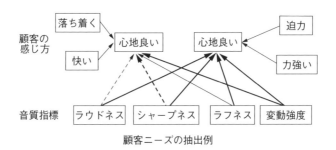

顧客ニーズの抽出例

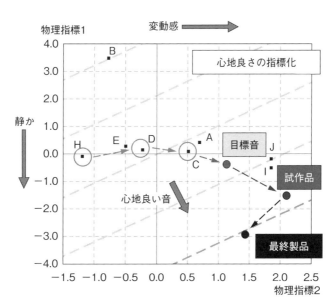

音のものさし（目標音＆最終製品）

音の解析例

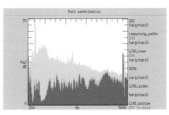

音の計測例

図 6-2-10　1DCAE による

第6章 これからの設計手法

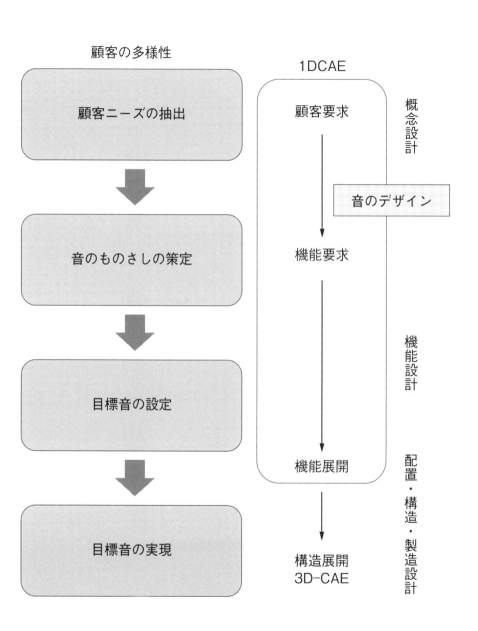

Delight 設計適用例

6.2.5　ひとづくりのための1DCAE

1DCAEを実践するのはひとである。そこで、現象理解が1DCAEの出発点であること、現象を理解するとは具体的にどういうことか、現象の具体例として機械工学で言うところの4力について言及するとともに、1DCAE普及に当たっての課題と対応について述べる。

(1) 1DCAEの根底となる現象の理解

1DCAEの定義として、「シンプルなモデルをベースに、全体を俯瞰した全体設計を具現化する考え方。上流段階から適用可能な設計支援の考え方、手法、ツール」としている。ここに、**1Dは特に一次元であることを意味しているわけではなく、"物事の本質を的確に捉え、見通しの良い形式でシンプルに表現"することを意味する**。これは簡単に言うと対象としている現象（製品）を言葉で説明できることを意味する。このためには、現象を本質的に理解することが必要となる。

現象を本質的に理解するとはどういうことかを"流れ場に置かれた物体の振動問題"を例に説明する。図6-2-11に直径D、長さLの円柱（円柱材料の縦弾性係数E、密度ρ）が水中にあり、流速Uの流れ場にさらされている。円柱は片持ち梁とする。この場合、どのような現象が発生するであろうか、また、その現象をどのように予測できるであろうか。人は経験的に流れ場にある構造物は振動し、その振動の大きさは流速の増加とともに大きくなることを知っている。また、一方で流速はさして大きくないのに大きな振動が発生する場合があることも知っている。この原因としては構造物の固有振動数と加振周波数が一致することによる共振現象と、あ

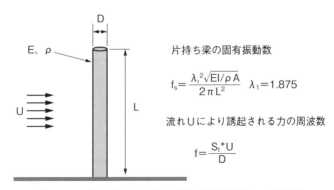

片持ち梁の固有振動数

$$f_s = \frac{\lambda_1^2 \sqrt{EI/\rho A}}{2\pi L^2} \quad \lambda_1 = 1.875$$

流れUにより誘起される力の周波数

$$f = \frac{S_t \cdot U}{D}$$

図6-2-11　流れ場におかれた物体の振動問題のアタリ計算

る条件下で発生する自励振動がある。

上記の工学的一般常識を元に図6-2-11の問題を考えてみる。まず、片持ち梁の固有振動数 f_s は機械力学の弾性連続体の理論から図6-2-11の式で定義できる。ここに、Iは円柱の断面二次モーメント（$\pi D^4/64$）、Aは断面積（$\pi D^2/4$）、λ_i は固有モードで片持ち梁の場合、一次の固有モードは $\lambda_1=1.875$ となる。ここで注意しなければならないのは構造物が水中にある場合のように構造物の密度に対して媒体の密度が無視できない場合には仮想的な質量効果（付加質量）を考慮する必要がある。具体的には図6-2-11の円柱材料の密度 ρ に水の密度 ρ_w を加算する必要がある。ただ、付加質量に関して一般的な定義は静止流体中に関してのものであり、高速な流れ場の場合には定義が異なってくることにも留意する必要がある。

次に、流速Uによる構造物に作用する流体加振力に関して考えてみる。この場合、構造物には流れ方向に抗力 F_d、これと垂直方向に揚力 F_l が発生し、それぞれ単位長さ当たり、

$$F_d = (1/2)\rho_w U^2 D * C_d \quad F_l = (1/2)\rho_w U^2 D * C_l$$

となる。ここに、C_d は抗力係数、C_l は揚力係数で断面形状、流速（レイノルズ数）により経験的に決まる。ただし、これらは静的な力であり、これにより図6-2-11の円柱は静的に変形する。一方、流速Uにより変動流体力も発生する。カルマン渦に代表される現象であり、これによって誘起される流体力の周波数 f は図6-2-11に示す式で定義できる。ここに S_t はストローハル数で断面形状等により経験的に決まる。同様に流体変動力の大きさも断面形状、流速（レイノルズ数）により経験的に決まる。

以上のプロセスが図6-2-11に示す"流れ場に置かれた物体の振動問題"の現象を理解するということである。実際には流れの乱れによる円柱のランダム的振動などの発生もあるが大まかには上記のプロセスで手計算レベルでの現象のアタリ計算が可能となる。図6-2-11の問題では最大流速U、円柱長さLは一般的には設計制約で、この条件下で円柱が構造体として健全な範囲（材料力学の理論式より応力を評価）でコスト等も考慮して、設計変数である円柱径D、円柱材料（E、ρ）を決定することになる。この際、上記のアタリ計算のプロセスでは設計制約、**設計変数の関係が一目瞭然（数式で見ることができる）であり、シンプルなモデルをベースに全体を俯瞰した全体適正設計を具体化することが可能となる**。これが1DCAEで言うところの「物事の本質を的確に捉え、見通しの良い形式でシンプルに表現」す

ることに相当する。

(2) 4力と1DCAE

　1DCAEにおいて現象を理解することの重要性に関してはすでに述べたとおりである。1DCAEで扱う現象は物理的なものとどまらず、社会的、心理的なものも含むが、ここでは物理的なものに限定して考える。

　物理現象として機械工学分野ではいわゆる4力、すなわち、"流れ"、"材料"、"熱"、"動き"が基本となる。前節で紹介した"流れ場におかれた物体の振動問題"は"流れ"、"材料"、"動き"が融合した問題である。一般にはこのようにいくつかの現象が混在した複雑な場を対象とし、これを原理原則に基づいて個別の現象に分解、見通しの良い形式でシンプルに表現する。以下、4つの力学に関してポイントを述べる。

①流れという現象

　"流れ"は学問で言うと流体力学、ツールとしてはCFDが対応する。各領域が扱うエリアの広さは流れ＞流体力学＞CFDとなる。したがって、1DCAEでは現象が数式で表現できるとか、数値解析が可能とかいう以前に"流れ"という現象を理解、言葉で表現可能としておくことが重要である。例えば、「なぜ飛行機は浮くのか」、「なぜ人は泳げるか」といった現象に対して的確に回答できる必要がある。揚力があるから、推力があるからといった答えは答えにならない。

②材料への理解

　"材料"は"流れ"よりは現象理解が進んでいる分野と言える。したがって、材料力学に関する多くの著書が存在するとともに数値解析のためのツールも充実している。しかしながら、1DCAEの視点に立つならば前節で述べたようないわゆる材料力学の公式ベースのものづくりがFEMといったツールを使用する以前のアタリ計算、FEM結果の検証に使用されるべきと考える。材料・プロセス選定のためのAshby法[5]は材料設計、構造設計の視点での画期的なアプローチである。材料力学の基本からスタートし、材料・プロセス決定のための材料指標を定義、多くの材料データベースから二次元の材料指標マップを提供、この情報を元に過去の設計ノウハウも参考にして設計者は材料・プロセスを決定することができる。

③熱のメカニズム

　"熱"はとても身近な現象である。**図6-2-12**に部屋にストーブがあり、天井に

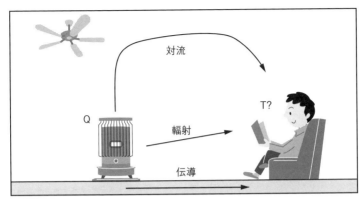

図 6-2-12　暖房のデザインにおける"熱"の理解

扇風機がある場合の暖房のデザインを示す。最終的に知りたいのは人がどの程度の熱量を受けて、結果として代表点の温度が何度になるかを解く問題に帰着する。この際、熱が伝わるメカニズムとして対流、輻射、伝導が存在することを知っておく必要がある。この3つのメカニズムの数式ベースの理解、関連する物性値の理解があれば、手計算での予測は可能である。ただ、対流に関しては"流れ"が関係する。

④動きとは振動と音

"動き"には物体の動き（振動）と空気の動き（音）がある。通常は振動が空気を励起して音になるので両者の関係は深く（切っても切れない関係にあり）、音振動と総括して呼ぶ場合もある。

ここでは振動の例として一輪車のデザインを図 6-2-13 に示す。一輪車というコンセプトを具体化する物理現象をモデルで表現する。モデルは数式モデルで表現、さらには運動方程式の導出につながる。一輪車のコンセプトを図で表現（モデル化）する際に重力の影響を考慮する必要がある。一般の振動問題では平衡状態からの振動を取り扱うため、重力の影響が陽に表現しない場合が多いが、この一輪車の場合には重力（振り子運動）が復元力になるため必須項目である。

(3) 根拠に遡及する設計文化がカギ

実際に 1DCAE をやってわかること（よく聞かれる意見）は、何をやっていいかわからない、何から始めたらいいかわからないということである。この原因はいくつかあるが、まず問題設定ができていない、もっと言えば問題意識がないという場

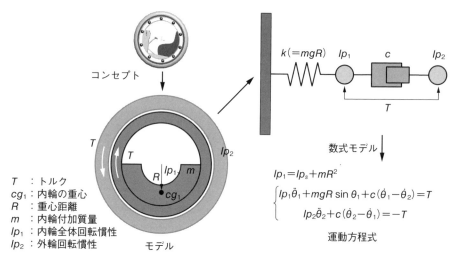

図 6-2-13　一輪車のデザインにおける"動き"の理解

　合が多い。決まった仕様に基づいて設計を行っている設計者に、仕様を自分で決めることから始めようと言っているのだから無理はない。このためにはものづくりのカルチャーを変える必要があるが、どうやったら変えられるかについての回答はない。設計者自らの問題意識、不断の努力、会社経営層の理解、国のバックアップといったものが揃う必要がありそうである。

　もう少し具体的で深刻な問題として、ものを見て簡単に 1D モデルが作れないというのがある。これは物事を（現象を）本質的に理解できていないためであり、努力してもらうしかない。最近の商用の 1D ツールは使いやすくなっているので、モデル自体を作ることはできるが、作ったモデルが実体と即しているかの判断ができない（難しい）のである。是非、並行して実験、ハンドブックによるアタリ計算を併用して手応えのある 1D モデル作りにチャレンジしていただきたい。

　これは 3D-CAE についても言えることだが、1DCAE を適用すればアイデアが勝手に出ると誤解していることである。このようなことがあろうはずもなく、アイデアは多くの努力の結果として生まれるのであって、1DCAE はこれを単に（しかし強力に）手助けする考え方、手法、ツールなのである。

　上記の課題を解決する一つの手段として、日本機械学会ではセミナー「1DCAE 概念に基づくものづくり設計教育」[3]を半年に 1 回定期的に実施している。**図 6-2-**

第6章 これからの設計手法

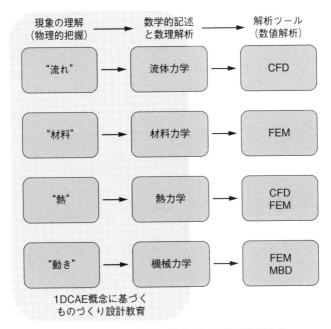

図6-2-14 1DCAE概念に基づくものづくり設計教育

14にその目指すところを示す。1DCAEを試行する（したい）エンジニア（含む大学、教育機関関係者）を対象に座学だけでなく演習を含む幅広い手段で1DCAEの考え方の理解とその方法の伝授を行っている。本教育では本来の1DCAEの最初のステップとして図6-2-15に示す1DCAEリバースから始めている。1DCAEリバースにより、現物から機能を抽出（"機能ばらし"と言われている手順）、これを受けて本来の1DCAEを実行する。1DCAEリバースを入口とすることにより、1DCAE活用の裾野が広がる効果がある。

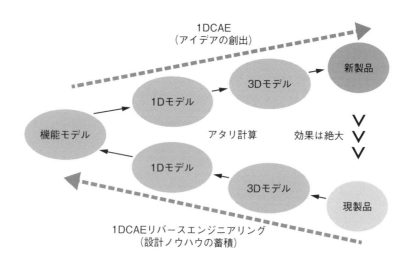

図 6-2-15 1DCAE と 1DCAE リバース

おわりに

　設計手法と設計の具体例について紹介した。多くの設計手法があること、従来慣れ親しんだツールも設計に適用するには工夫が必要なことなどを理解いただければ幸いである。設計手法はパソコンと同様、我々の日常の設計行為に必須のものである。しかしながら、設計手法もパソコンも単なる手段であり、目的ではない。良い製品を開発するという目的に向かって、設計手法をどのように使っていくかがポイントである。そのためには、製品開発に当たって、自分が何をしたいのか、そのために設計手法をどう適用するのかを自ら考えることが重要である。

　設計手法の捉え方にはいろいろあり、設計者のスキルの底上げを図る手段という方もいる。こういった教育的側面も否定はしないが、やはり設計手法は良い設計者がさらに良い設計を行うことを支援するものと考える。**設計手法をきちんと設計に使えるようになったらその設計者は一人前の設計者と言えるのではないだろうか。**

　幸いなことに現在は設計に関する社会の理解も進んでいる。特に、内閣府の戦略的イノベーション創造プログラム（SIP）の中の一つのプログラムとして"革新的設計生産技術"が設定され、平成26年度～平成30年度で研究開発を推進中である。筆者もこの実行者の一人として携わっている。

　設計はものづくりの起点であり、設計の良し悪しが製品の良し悪しを決定すると言っても過言ではない。今まで見え難かった設計という行為を設計手法と事例と言うセットで引き続き世の中に発信していきたい。

参考文献

第1章

[1] 「日本機械学会誌」2007年10月号付録 JSME 技術ロードマップ（日本機械学会HPからも閲覧可能）（http://www.jsme.or.jp/InnovationCenter/images/roadmap2007.pdf）

[2] 大富浩一，穂坂倫佳，岩田宜之 "製品音のデザイン"「東芝レビュー」Vol.62 No.9（2007）

[3] Biswas, D. and Ohtomi, K., "Numerical Studies on Aero-acoustic Phenomena Associated with Wall Bounded Shear Flow", WCCM8 & ECCOMAS2008. (2008)

[4] Lyon. R., Designing for Product Sound Quality, Marcel Dekker Inc.（2000）

[5] Kelly, T., "The Art of Innovation", Profile Business（2002）

第3章

[1] Yoshikawa H., General Design Theory, Proceedings of IFIP WG 5.2-5.3 Workshop Conference（1980）

[2] Suh N. P., The Principles of Design, New York, Oxford University Press（1990）

第4章

4.1

[1] David A Gatenby and George Foo, Design for X (DfX): Key to Competitive Profitable Markets, AT&T Technical Journal, Vol.69, No.3, May/June（1990）

[2] Ohtomi, K., "Importance of Upstream Design in Product Development and Its Methodologies", January, TOSHIBA REVIEW. (2005)

[3] Fabrycky, W. J. and Blanchard, B. S., Life-Cycle Cost and Economic Analysis, Prentice Hall International Series in Industrial and Systems Engineering（1991）

[4] Ishii, K., Life-Cycle Engineering Design, Transactions of the ASME, Special 50th Anniversary Design Issue, Vol. 117,（1995）

[5] 菊池昇 "ファーストオーダーアナリシス"「豊田中央研究所 R&D レビュー」Vol.37 No.1（2002）

[6] 圓川隆夫，安達俊行「製品開発論」日科技連（1998）

[7] 赤尾洋二「新製品開発のための品質展開活用の実際」日本規格協会．（1988）

[8] Eppinger, Steven D. Innovation at the Speed of Information. Harvard Business Review. 79, 1, p.149（2001）

[9] Mori, T., Ishii, K., Kondo, K. and Ohtomi, K. :. Task planning for product development by strategic scheduling of design reviews, DETC'99, 1999 ASME Design Engineering Technical Conferences.

[10]「デザイン・ストラクチャー・マトリクス　DSM 複雑なシステムの可視化とマネジメント」慶應義塾大学出版会（2014）
　　＊ "Design Structure Matrix Methods and Applications", Steven D. Eppinger の翻訳本

4.2

[1] Ohtomi, K., Design of Worth for Customer Product Development, What is "What's the Design"? Special Issue of Japanese Society for the Science of Design vol.16-2 no.62, 31-38,（2009）

[2] 大富浩一，穂坂倫佳，岩田宜之 "製品音のデザイン"「東芝レビュー」Vol.62 No.9（2007）
[3] Zwicker., E, Psychoacoustics: Facts and Models, Springer, 2nd Update Edition,（1998）

4.3
[1] 山川宏（編）「最適設計ハンドブック─基礎・戦略・応用─」朝倉書店,（2003）
[2] Sadiq M. Sait, Habib Youssef,（白石洋一 訳），「組合せ最適化アルゴリズムの最新手法 ─基礎から工学応用まで─」丸善,（2002）
[3] 渡邉，廣安，三木 "近傍培養型遺伝的アルゴリズムによる多目的最適化"「情報処理学会論文誌：数理モデルと応用」Vol.43 No. SIG 10 (TOM 7),（2002）
[4] Vanderplaats, G. N., Numerical Optimization Techniques for Engineering Design: With Applications, McGraw Hill（1984）
[5] "ハムザ，斉藤，等価メカニズム近似を用いた車両構造の最適衝突設計" 日本機械学会，第13回設計工学・システム部門講演会講演論文集,（2003）
[6] 中山，谷野「多目的計画法の理論と応用」コロナ社,（1994）
[7] 吉村，泉井 "設計可能空間の再構築と解の絞り込みに基づく機械システムの最適設計法"「日本機械学会論文集（C編）」Vol.65, No.635（1999）
[8] Kohonen, T., Self-Organizing Maps, Springer（1995），徳高平蔵，岸田悟，藤村喜久郎 訳,「自己組織化マップ」シュプリンガー・フェアラーク東京（1996）
[9] Obayashi, S. and Sasaki D., Self-Organizing Map of Pareto Solutions Obtained from Multiobjective Supersonic Wing Design, 40th AIAA Aerospace Sciences Meeting & Exhibit, Reno, NV, AIAA Paper 2002-0991（2002）
[10] Steward, D. V. , The Design Structure System : A Method for Managing the Design of Complex Systems, IEEE Trans. on Engineering Management, Vol. EM-28, No.3, 71-74（1981）
[11] Rogers, J. L., McCulley, C. M., and Bloebaum, C. L., Optimizing the Process Flow for Complex Design Projects, Design Optimization : Int. J. for Product & Process Improvement, Vol. 1, No. 3, 281-292（1999）
[12] 吉村，藤見，泉井 "評価特性の相互関係に基づく意思決定順序最適化手法"「日本機械学会論文集（C編）」Vol.68, No.668（2002）

4.4
[1] Ohtomi, K., Trends in Mechanical Simulation Technology, July, TOSHIBA REVIEW.（1997）
[2] 吉野利夫ほか「計算力学の基礎」オーム社（1995）
[3] 蔦紀夫「機械の研究」Vol.45, p.839（1993）
[4] 森脇良一ほか「神鋼技報」Vol.31, No.2（1981）
[5] 清水泰洋「コベルコ科研，こべるにくす」Vol.5, No.9（1996）
[6] 日本機械学会「動設計のためのモデリング」オーム社（1995）
[7] 廣岡栄子「コベルコ科研，こべるにくす」Vol.5, No.10（1996）
[8] 田中俊光ほか「R&D 神戸製鋼技報」Vol.41, No.2（1991）
[9] 廣岡栄子「コベルコ科研，こべるにくす」Vol.5, No.10（1996）
[10] 園井英一ほか「R&D 神戸製鋼技報」Vol.42, No.4（1992）

[11] 園井英一「コベルコ科研,こべるにくす」Vol.6, No.11（1997）
[12] 横野泰之, 久野勝美 "ノート PC 設計への熱解析の適用" 第 36 回伝熱シンポジウム講演論文集,（1999）
[13] 横野泰之ほか "ノート PC の落下衝撃解析シミュレーション" 日本機械学会第 12 回計算力学講演会（1999）

4.5

[1] Ohtomi, K. and Ozawa, M., "Innovative Design Process and Information Technology for Electromechanical Product Development", Concurrent Engineering: Research and Application, SAGE Publications, Vol.10, No.4, p.335-340（2002）

第 5 章

[1] Ohtomi, K., Otsuki, F., Uematsu, H., Nakamura, Y., Chida, Y., and Kawamoto, O., "Approach to realization of Micro-gravity Performance of Centrifuge Rotor System". 30th International Conference on Environmental Systems,（2000）

[2] Ohtomi, K., Otsuki, F., Uematsu, H., Nakamura, Y., Chida, Y., Nishimura, O.,Okamura, R.Active Mass Auto-balancing System for Centrifuge Rotor Providing an Artificial Gravity in Space". ASME Design Engineering Technical Conference,（2001）

[3] Ohtomi, K., Kanzawa, T., Roy Hampton, and Kawamoto, O. "Centrifuge Rotor Integrated Analysis". SPIE Defense & Security Symposium, Modeling, Simulation and Calibration of Space-based systems, 5420-01.（2004）

[4] Ohtomi, K., Collaborative Design in New Product Development, 24th International Symposium on Space Technology and Science,（2004）

[5] Ohtomi, K.. POD（Product On Demand）: Innovative product design for the 21 st century, Proceeding of IMAC-XV JAPAN, Invited Speech.（1997）

[6] Ozawa, M., Iwasaki, Y., Cutkosky, M. R., "Multi Disciplinary Early Performance Evaluation via Logical Description of Mechanisms: DVD Pick Up Head Example," Proc. of ASME Design Engineering Technical Conference and Computers in Engineering Conference,（1998）

[7] 小沢正則 "Compositional Modeling Language によるメカトロ製品開発の早期性能検証" 日本シミュレーション学会, 第 18 回シミュレーション・テクノロジー・コンファレンス発表論文集,（1999）

[8] Mori, T., Ishii, K., Kondo, K. and Ohtomi, K.（1999）. Task planning for product development by strategic scheduling of design reviews, Proceedings of ASME Design Engineering Technical Conferences.（1999）

第 6 章

[1] 大富浩一, 羽藤武宏, "1DCAE によるものづくりの革新"「東芝レビュー」Vol.67 No.7（2012）
[2] Yiannis Papadopoulosa, Martin Walkera, David Parkera, Erich Rudeb, Rainer Hamannb, Andreas Uhligc, Uwe Gratzc, Rune Liend, Engineering failure analysis and design optimisation with

HiP-HOPS, Engineering Failure Analysis 18 590?608 (2011)

[3] 日本機械学会 "1DCAE 概念に基づくものづくり設計教育" 日本機械学会講習会 (2013)

索 引

英 数

- 16項目の設計手法 ······················· 26
- 1DCAE ·································· 148
- 1DCAE リバース ······················ 167
- 3D-CAD ································· 45
- 3D-CAE ································ 150
- 4力 ····································· 164
- Better 設計 ························· 3, 153
- CAE ······························ 13, 82, 86
- CAE 解析 ································ 17
- CAM ··································· 117
- CG ······································· 23
- CML ··································· 132
- CR (Centrifuge Rotor) ············· 117
- Delight 設計 ······················· 3, 153
- DfA ······································ 38
- DfM ····································· 38
- DfP ······································ 38
- DFSS ···································· 23
- DfX ························· 24, 38, 42, 44
- DR ····································· 127
- Drafting ·································· 1
- DSM ····································· 80
- DSM (Design Structure Matrix) ······ 50
- FDT ····································· 80
- FEA ····································· 86
- FEM ····································· 74
- FMEA ····························· 49, 139
- FOA ······························ 22, 43, 88
- FSマップ ······························· 50
- Industrial Design ······················· 1
- KJ 法 ···································· 61
- MEMS ·································· 31
- Must 設計 ·························· 3, 153
- NPComplete ························· 135
- NP 困難 ································· 70
- Paul と Beitz の設計方法論 ············ 67
- PDCA ··································· 60
- PDM ····································· 24
- PLM ····································· 24
- QFD ································ 46, 61
- RP ······································· 23
- RPN ····································· 50
- SCM ····································· 25
- SD 法 ··································· 61
- Suh の「公理的設計」················· 21
- TRIZ ···································· 21
- V&V ··································· 153
- VE ······································· 23

あ行

- アイデア ································· 20
- 当たり前品質 ·························· 146
- 意思決定手法 ··························· 25
- 意匠設計 ·································· 1
- 動き ··································· 165

索 引

宇宙機器	117
音のデザイン	5
音響心理学	7

か行

概念設計	2, 26
改良設計	2
家電機器	159
狩野モデル	146
環境負荷を考慮した製品開発	38
感性	25, 34, 54
企画構想	38
機能設計	2, 26
機能評価	66
境界条件	16
協調設計	24
強度評価技術	113
局所的最適解	68
近似式	72
クラスタリング	61, 78
クラッシュ・モード	75
経済性指標	25
計算機技術	26
計算機シミュレーション	86
構造設計	2, 27
構造問題	90
工程管理	25
顧客主導型製品開発	38
顧客満足度	146
国際宇宙ステーション	
（ISS: International Space Station）	117

コスト	25, 56
コスト削減	155
コンセプト設計	38

さ行

最適化手法	23, 69
最適化問題	67
材料	164
自己組織化マップ	78
システム手法	24
システム設計技術	
（システムズエンジニアリング）	34, 107
実行可能解	73
シミュレーション	72, 86
上流設計	39
振動問題	91
数値シミュレーション	13
製造設計	2
性能品質	146
製品ライフサイクル	28
制約条件	16, 67, 71
設計	3
設計インフラ	26
設計可視化	25
設計基盤技術	35
設計限界	73
設計工学	1
設計者	15
設計周辺技術	9
設計知識技術	35
設計変数	16

設計ロードマップ	11
絶対価値	55
全体最適	8
前提条件	16
騒音工学	7
騒音設計	5
騒音問題	91
騒音予測技術	113
創発	61
側面制約条件	67
組織論	25

た行

大域的最適解	68
田口メソッド	132
タスク	50
タスク・プランニング	131, 134
多峰性	68
探索アルゴリズム	69, 71
単峰性	68
調達	25
デザイン	3
電磁ノイズ予測技術	113
動荷重問題	89
等価メカニズムモデル	74
統計学	7
統計的品質設計手法	23
統合シミュレーション	123
同時並行型	107
トポロジー最適化	70
トライ・アンド・エラー	81
トラブル・シューティング	85
トレードオフ分析	68

な行

流れ	164
ナレッジデータベース	22
ナレッジマネージメント	22
ニーズ指向型製品	31
人間工学	25
熱	164
熱設計技術	113
ノートPC	95, 111

は行

パーティショニング	52
ハイアラーキー型	107
配置設計	2, 26
配置設計技術	113
パフォーマンス・サイジング	108, 131
パラメータ・サーベイ	80
パラメータ最適化	70
パレート最適解	68, 75
フィードバック	52
フィードフォワード	52
ブレーンストーミング	61
プロジェクト管理	25
プロジェクトマネージャ	15
プロダクトアウト	64
分散協調設計技術	130

索 引

ま行

マーケットイン ……………………………… 64
魅力品質 …………………………………… 146
メカトロ機器 ……………………………… 128
メカトロ機器設計 ………………………… 143
目的関数 …………………………………… 16
モデル記述言語 …………………………… 132

や行

有限要素法 ………………………………… 74
要因効果分析 ……………………………… 132
吉川の「一般設計論」 …………………… 21

ら行

ライフサイクル …………………………… 38
リスク ……………………………………… 49
リスク管理 ………………………………… 26
リスク予測 ………………………………… 26
流体力学 …………………………………… 7
ロバスト設計 ……………………………… 23

わ行

ワープロ …………………………………… 19

著者略歴

大富　浩一（おおとみ　こういち）

1952年生まれ。東京大学大学院工学系研究科特任研究員 内閣府戦略的イノベーション創造プログラム（SIP）"革新的設計生産技術"の研究開発業務に従事
1974年、東北大学工学部機械工学科卒業
1979年、東北大学大学院工学研究科機械工学専攻博士課程修了。工学博士
1979年から2014年まで大手総合電機メーカの本社研究所に勤務
この間、原子力、宇宙機器、医用機器、家電機器、昇降機器、ノートPC、半導体関連、省力機器、等の製品開発に従事。
これらを通して、設計に関する広範な研究開発を実施。
専門は機械力学、設計工学。現在は音のデザイン、1DCAEの普及啓蒙活動に注力。日本機械学会、米国機械学会、日本音響学会、日本計算工学会等会員。

よくわかる「設計手法」活用入門
―どんな場面でどんな手法を適用するかがわかる！　NDC 501

2016年7月27日　初版1刷発行

（定価は，カバーに表示してあります）

　　　　　Ⓒ著　者　大　　富　　浩　　一
　　　　　　発行者　井　　水　　治　　博
　　　　　　発行所　日　刊　工　業　新　聞　社
　〒103-8548　東京都中央区日本橋小網町 14-1
　　　　　　　　　電話　編集部　03（5644）7490
　　　　　　　　　　　　販売部　03（5644）7410
　　　　　　　　　　　ＦＡＸ　03（5644）7400
　　　　　　　　　　振替口座　　00190-2-186076
　　　　　　　　　URL　http://pub.nikkan.co.jp/
　　　　　　　　　e-mail　info@media.nikkan.co.jp

印刷・製本　美研プリンティング㈱

2016 Printed in Japan　　乱丁、落丁本はお取り替えいたします。

ISBN 978-4-526-07590-2

本書の無断複写は、著作権法上での例外を除き、禁じられています。